化肥减量增效
与畜禽粪污资源化利用

李希臣 薛 刚 魏文良 主 编

U0306579

中国农业科学技术出版社

图书在版编目（CIP）数据

化肥减量增效与畜禽粪污资源化利用 / 李希臣，薛刚，魏文良主编. --北京：中国农业科学技术出版社，2023.1
ISBN 978-7-5116-6058-9

Ⅰ. ①化⋯ Ⅱ. ①李⋯ ②薛⋯ ③魏⋯ Ⅲ. ①化学肥料－肥效－研究②畜禽－粪便处理－废物综合利用－研究 Ⅳ. ①S143 ②X713.05

中国版本图书馆CIP数据核字（2022）第 225422 号

责任编辑　白姗姗
责任校对　李向荣
责任印制　姜义伟　王思文

出 版 者　中国农业科学技术出版社
　　　　　北京市中关村南大街 12 号　　邮编：100081
电　　话　（010）82106638（编辑室）　（010）82109702（发行部）
　　　　　（010）82109709（读者服务部）
网　　址　https:// castp.caas.cn
经 销 者　各地新华书店
印 刷 者　北京地大彩印有限公司
开　　本　170 mm×240 mm　1/16
印　　张　16.75
字　　数　280 千字
版　　次　2023 年 1 月第 1 版　　2023 年 1 月第 1 次印刷
定　　价　98.00 元

《化肥减量增效与畜禽粪污资源化利用》

编委会

前　言

在我国当前农业发展中，化肥的使用在提高土壤肥力、增加农作物产量上都具有非常重要的意义，化肥在农业生产中占据着重要地位。高密市作为传统农业大市、全国产粮大县和畜牧大县，在农业施肥中也存在着施肥量大、吸收效率低的问题，表现在很多农民只考虑农作物的经济效益，忽略了化肥的适用性；对施肥量把握不足，认为施肥越多越好，造成大量的化肥浪费及环境污染；在肥料种类的选择上重视化肥，忽略了有机肥的使用，容易造成土壤板结等方面。因此，在农业生产中推行化肥减量增效和畜禽粪污资源化利用，能够增加有机肥使用量，有效降低过量施用化肥带来的危害，对推动农作物稳产增收、产业提质增效具有重要意义。

《化肥减量增效和畜禽粪污资源化利用》共分六章，系统介绍了作物生长必需的营养元素、肥料基础知识；阐述了测土配方施肥的基本常识，公布了高密市土样化验数据及主要作物配方肥配方；详细讲解了水肥一体化系统的应用和9种作物水肥一体化技术操作规程；对有机肥进行了定义，介绍了有机肥的科学施用；探索了高密市畜禽粪污资源化利用方式方法，对提高粪污综合利用率具有借鉴意义；提供了常见作物施肥技术，帮助指导农户科学施肥。

编写本书的目的是普及科学施肥技术，改变传统的施肥方式和方法，在施肥品种、用量和方法上更趋向合理化，提高肥料利用率。同时，对落实国家"藏粮于地、藏粮于技"战略、保障粮食安全具有指导作用。

编　者
2022年11月

目　录

第一章 作物营养与肥料概述

第一节 作物生长必需营养元素

植物生长所必需的营养元素是指作物生长过程中不可缺少的营养元素，如果必需营养元素缺少，植物不能正常生长发育、开花结果，还会引发病害。目前确定为作物必需的营养元素共有17种，分别为碳（C）、氢（H）、氧（O）、氮（N）、磷（P）、钾（K）、钙（Ca）、镁（Mg）、硫（S）、铁（Fe）、锰（Mn）、铜（Cu）、锌（Zn）、硼（B）、钼（Mo）、氯（Cl）和镍（Ni）。根据作物对各元素需求量的多少将17种元素划分为大量元素（碳、氢、氧、氮、磷、钾）、中量元素（钙、镁、硫）和微量元素（铁、锰、铜、锌、硼、钼、氯、镍），它们在作物生长过程中的地位同等重要，且具有不可替代性。除此之外，还有一部分营养元素被称为有益元素，这部分元素虽不是植物生长必需元素，但它们对植物有一定的营养作用，如钴（Co），它是豆科作物根瘤菌固氮时必需的元素，对豆科作物的生长有良好的影响。钠（Na）、硅（Si）、碘（I）、硒（Se）、锶（Sr）、钒（V）等也是有益元素。

一、作物生长必需营养元素的生理功能及营养失调症

（一）氮（N）——生命元素

1. 生理功能

氮是植物体内许多重要有机化合物的组成成分，也是遗传物质的基础。

（1）氮是蛋白质的重要组分，是有机体不可缺少的元素。

（2）氮是核酸和核蛋白质的组分。

（3）氮是叶绿素（叶绿素a、叶绿素b）的组分元素。

（4）氮是许多酶的组分。

（5）氮是一些维生素的组分，生物碱和植物激素也都含有氮。

2. 营养失调症

植物缺氮时，植株矮小，长势弱，分蘖或分枝减少；叶片发黄始于老叶，叶色失绿，叶片变黄无斑点，从下而上逐步扩展，严重时下部叶片枯黄脱落；根系细长且稀小，花果少而种子小，产量下降且早熟。植物缺氮典型症状见图1-1。

植物供氮过量，则植株叶色浓绿，植株徒长，且贪青晚熟，易倒伏，易受病害侵袭；降低果蔬品质和耐贮存性。

图1-1　辣椒缺氮，老叶失绿

（二）磷（P）——能量元素

1. 生理功能

与氮相同，磷也是植物生长发育不可或缺的营养元素之一，其生理功能如下。

（1）磷是作物体内重要有机化合物（核酸、植素、磷脂、磷酸腺苷和许多酶等）的组分。

（2）磷能加强光合作用和碳水化合物的合成与转运。

（3）磷能参与氮素代谢、脂肪代谢。

（4）磷对植物的生长、分蘖、开花结果有重要作用。

（5）磷能提高作物抗逆性和适应能力。

2. 营养失调症

植物缺磷时，植株生长发育延缓、矮小、瘦弱，分蘖或分枝少；老叶先出现缺素症，叶色暗绿无光泽，呈现紫红色斑点或条纹，叶柄缘紫红易脱落；次生根系生长少，花果稀少茎细小。植物缺磷典型症状见图1-2。

植物供磷过量，会造成叶片肥厚而密

图1-2　玉米缺磷，下部叶片呈紫色

集，繁殖器官过早发育，茎叶生长受抑制，产量降低，同时影响作物品质。另外，磷过量供给，会阻碍作物对硅的吸收。

（三）钾（K）——品质元素

1. 生理功能

在植物体内钾是以离子形态、水溶性盐类或吸附在原生质表面等方式存在，在植物体内移动性较大，其主要生理功能如下。

（1）钾是许多酶的活化剂，是植物代谢不可缺少的元素。

（2）钾是构成细胞渗透势的重要成分，调节气孔的开闭和水分运输。

（3）钾能增强光合作用产物的运输能力。

（4）钾能增强作物抗旱、抗寒及抗病虫的能力。

2. 营养失调症

植物缺钾，老叶叶缘先发黄，焦枯似灼烧状；叶片上出现褐色斑点或斑块，叶脉仍保持绿色；根系少而短，易早衰。植物缺钾典型症状见图1-3。

植物钾供应过量，由于钾离子不平衡，影响对其他阳离子尤其是钙、镁的吸收。

图1-3　玉米缺钾，叶缘焦枯似灼烧状

（四）钙（Ca）——表光元素

1. 生理功能

钙在植物体内的主要作用如下。

（1）钙是细胞壁的重要成分。

（2）钙是细胞分裂所必需的成分。

（3）钙可以调节介质的生理平衡。

2. 营养失调症

植物缺钙时，顶芽、侧芽、根尖等分生组织易腐烂死亡；幼叶卷曲畸形，或从叶缘变黄死亡，果实发育不良，蔬菜作物易发生腐烂病，如番茄、辣椒产生"脐腐病"；大白菜、甘蓝等"干烧心""干边""内部顶烧症"；果树如苹果易产生"苦痘病"。植物缺钙典型症状见图1-4。

图1-4　番茄缺钙"脐腐病"（左）与苹果缺钙"苦痘病"（右）

植物钙营养过剩症状尚未见报道。

（五）镁（Mg）——光合元素

1.生理功能

镁在植物体内的主要作用如下。

（1）镁是叶绿素的组成成分，镁是叶绿素分子中唯一的金属元素。

（2）镁是多种酶的活化剂。

2.营养失调症

缺镁大部分发生在生育中后期，尤在果实成熟后多见。植物缺镁时，中、下部叶肉褪绿黄化。双子叶植物褪绿表现为：叶片全面褪绿，主侧脉及细脉均为绿色，形成网状花叶，或沿主脉两侧呈斑状褪绿，叶缘不褪，叶片形成似"肋骨"状黄斑；单子叶植物多表现为黄绿相间的条纹花叶，失绿部位还可能出现淡红色、紫红色或褐色斑点。植物缺镁典型症状见图1-5。

植物镁营养过剩症状尚未见报道。

图1-5　番茄缺镁，叶面黄化，叶脉仍为绿色

（六）硫（S）——芳香元素

1.生理功能

硫在植物体内的主要作用如下。

（1）硫是蛋白质和酶的成分。

（2）硫是植物体内某些挥发性物质的成分，如洋葱中具有催泪性的亚砜等。

（3）硫参与氧化还原反应。

（4）硫可以减轻重金属离子对植物的毒害。

2. 营养失调症

植物缺硫一般表现为幼叶褪绿或黄化，茎细，分蘖或分枝少。蔬菜缺硫看植株，全株叶片淡（黄）绿，幼枝症状明显，叶片细小向上卷，叶片硬脆提早脱落；花果延迟结荚少，果树作物严重缺硫时，产生枯梢，果实小而畸形，皮厚、汁少。植物缺硫典型症状见图1-6。

图1-6　黄瓜缺硫，中上部叶色淡、黄化，下部叶仍是健康的

硫过量时，叶片呈蓝绿色，小叶卷曲，限制钙的吸收。

（七）硼（B）——生殖元素

1. 生理功能

硼在植物体内的主要作用如下。

（1）硼可以促进分生组织生长和核酸代谢。

（2）硼与碳水化合物运输和代谢有关。

（3）硼与生殖器官的建成和发育有关，还影响花粉粒的数量和活力。

2. 营养失调症

植物缺硼时，症状先出现在幼嫩部位，具体表现为茎尖生长点受抑，甚至枯萎、死亡；老叶增厚变脆，新叶皱缩、卷曲失绿，叶柄短粗；根尖伸长停止，呈褐色，根茎以下膨大；花蕾脱落，花少而小，花粉粒畸形，生命力弱，结实率低。典型的缺硼症状，甜菜"褐心病"、萝卜"黑心病"、芹菜"折茎病"、苹果"缩果病"、油菜"花而不实"、棉花"蕾而不花"等。植物缺硼典型症状见图1-7。

植株硼毒害一般是下部叶尖或叶缘褪绿，而后出现黄褐色斑块，甚至焦枯。双子叶植物叶片边缘焦枯如镶"金边"；单子叶植物叶片枯萎早脱。一般桃树、葡萄、无花果、菜豆和黄瓜等对硼中毒敏感，施用硼肥不能过量。

图1-7　苹果缺硼"缩果病"

（八）锌（Zn）

1. 生理功能

锌在植物体内的主要作用如下。

（1）锌参与植物的光合作用和生长素的合成。

（2）锌与蛋白质代谢相关。

（3）锌可以促进生殖器官的发育。

2. 营养失调症

植物缺锌时，节间短簇，植株矮小，叶长受阻，出现小叶病，叶子皱缩，叶脉间有死斑；叶片脉间失绿或白化。果树缺锌，顶枝或侧枝呈莲座状，并丛生，节间缩短，典型症状如"小叶病""簇叶病"或者"莲座枝"。茄果类蔬菜缺锌呈小叶丛生状，新叶发生黄斑。植物缺锌典型症状见图1-8。

图1-8　玉米缺锌，新叶白化，茎节间缩短

过量施锌对菜豆光合作用中电子传递与光合磷酸化有抑制作用，与其他微量元素相比，锌的毒性比较小，作物的耐锌能力较强。

（九）钼（Mo）

1. 生理功能

钼在植物体内的主要作用如下。

（1）钼参与植物氮代谢、磷代谢。

（2）钼对维生素C合成有影响。

2. 营养失调症

植物缺钼的共同特征是叶片出现黄色或橙黄色大小不一的斑点；叶缘向上卷曲呈杯状；叶片发育不完全。不同作物缺钼症状不同，花椰菜缺钼表现为"鞭尾病"，柑橘缺钼呈现典型的"黄斑叶"。植物缺钼典型症状见图1-9。

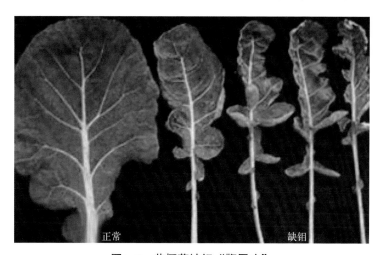

正常　　　　　　　　　　缺钼

图1-9　花椰菜缺钼"鞭尾病"

植物钼中毒叶片失绿，植株呈深紫色。

（十）锰（Mn）

1. 生理功能

锰在植物体内的主要作用如下。

（1）锰是酶的组成成分。

（2）锰可以参与光合作用。

（3）锰可以调节酶活性及植物体内氧化还原过程。

（4）锰能促进种子萌发和幼苗早期生长，加速花粉萌发和花粉管伸长，提高结实率。

2. 营养失调症

植物缺锰，幼叶叶肉变黄白，叶脉间失绿，叶脉仍为绿色；脉纹清晰，主脉较远处先发黄，严重时叶片出现褐色斑点，并逐渐增大遍布叶面。植物缺锰典型症状见图1-10。

植物锰中毒的典型症状是在较老叶片上有失绿区域包围的棕色斑点。高锰亦可诱发其他元素如钙、铁、镁的缺乏。

图1-10 马铃薯缺锰，叶背面出现棕色坏死斑点

（十一）铜（Cu）

1. 生理功能

铜在植物体内的主要作用如下。

（1）铜参与酶的组成。

（2）铜参与光合作用和氮代谢。

（3）铜影响花器官发育。

2. 营养失调症

植物缺铜的典型症状为顶端枯萎，节间缩短，叶尖发白，叶片变窄变薄，扭曲，繁殖器官发育受阻，结实率低。植物缺铜典型症状见图1-11。

植物铜中毒的表现为根系伸长受阻，侧根变短，新叶失绿，老叶坏死，叶片背面变紫。铜过量会导致铁缺乏。

图1-11 柑橘缺铜症状

（十二）铁（Fe）

1. 生理功能

铁在植物体内的主要作用如下。

（1）铁是植物叶绿素合成的必需元素。

（2）铁参与体内氧化还原反应和电子传递。

（3）铁参与核酸和蛋白质代谢。

2. 营养失调症

植物缺铁先看枝顶心，典型症状是顶端和幼叶缺绿黄白化，甚至白化，叶脉颜色深于叶肉。双子叶植物形成网纹花叶，单子叶植物形成黄绿相间的条纹花叶。植物缺铁典型症状见图1-12。

植物吸收过量铁表现为生理代谢失调、生长发育受阻的中毒症状，铁中毒常与缺钾及其他还原性物质的危害紧密相关，单独由铁引起的中毒很少。

图1-12　草莓缺铁症状

二、植物缺素口诀

缺氮抑制苗生长，新叶薄来老叶黄，根小茎细多木质，花迟果落不正常。

缺磷株小分蘖少，新叶暗绿老叶紫，主根软弱侧根稀，花少粒小果也迟。

缺钾株矮生长慢，老叶尖缘卷枯焦，根系易烂茎纤细，果畸叶枯如火烧。

缺钙未老株先衰，幼叶边黄卷枯黏，根尖细脆腐烂死，茄果烂脐株萎蔫。

缺镁后期植株黄，老叶脉间变褐亡，花色苍白受抑制，根茎生长不正常。

缺硫幼叶先变黄，叶尖焦枯茎基红，根系暗褐白根少，成熟迟缓结实稀。

缺锌节短株矮小，新叶黄白肉变薄，簇叶多来叶也小，细看叶缘上起翘。

缺硼顶叶皱缩卷，腋芽丛生花蕾落，块根空心根尖死，花不结果挎空篮。

缺锰失绿株变形，幼叶黄白褐斑生，茎弱黄老多木质，花果稀少重量轻。

缺铁失绿先顶端，果树林木最严重，幼叶脉间先黄化，全叶变白难矫正。

缺铜变形株发黄，禾谷叶黄幼尖蔫，根茎不良树冒胶，谷难抽穗芒不全。

缺钼株矮幼叶黄，老叶肉厚卷下方，豆类枝稀根瘤少，小麦迟迟不灌浆。

作物缺素及营养过剩图解见图1-13。

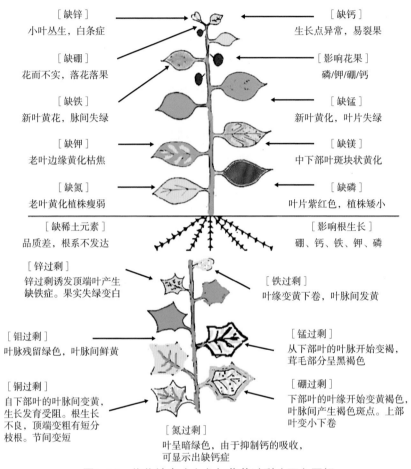

［缺锌］
小叶丛生，白条症

［缺钙］
生长点异常，易裂果

［缺硼］
花而不实，落花落果

［影响花果］
磷/钾/硼/钙

［缺铁］
新叶黄花，脉间失绿

［缺锰］
新叶黄化，叶片失绿

［缺钾］
老叶边缘黄化枯焦

［缺镁］
中下部叶斑块状黄化

［缺氮］
老叶黄化植株瘦弱

［缺磷］
叶片紫红色，植株矮小

［缺稀土元素］
品质差，根系不发达

［影响根生长］
硼、钙、铁、钾、磷

［锌过剩］
锌过剩诱发顶端叶产生缺铁症。果实失绿变白

［铁过剩］
叶缘变黄下卷，叶脉间发黄

［钼过剩］
叶脉残留绿色，叶脉间鲜黄

［锰过剩］
从下部叶的叶脉开始变褐，茸毛部分呈黑褐色

［铜过剩］
自下部叶的叶脉间变黄，生长发育受阻。根生长不良，顶端变粗有短分枝根。节间变短

［硼过剩］
下部叶的叶缘开始变黄褐色，叶脉间产生褐色斑点。上部叶变小下卷

［氮过剩］
叶呈暗绿色，由于抑制钙的吸收，可显示出缺钙症

图1-13　作物缺素（上）与营养过剩（下）图解

第二节　肥料基础知识

一、常见肥料种类

（一）肥料的定义及分类

1.肥料的定义

凡是施于土壤中或喷洒于作物上，能直接或间接供给作物养分，增加作物产量，改善作物品质或改良土壤性状，培肥地力的有机或无机物质均叫

肥料。

2.常见肥料的分类

（1）按化学成分可分为无机肥、有机肥、有机无机复合肥。

（2）按所含营养元素成分可分为氮肥、磷肥、钾肥、镁肥、硼肥、锌肥、钼肥等。也可将这些肥料按植物需要量分为大量营养元素肥料和中微量营养元素肥料。

（3）按营养成分种类多少可分为单质肥料、复合肥料或复混肥料。

（4）按肥料的物理特性可分为固体肥料（包括粒状和粉状肥料）、液体肥料、气体肥料。

（5）按肥料中养分的有效性可分为速效肥料、缓效肥料、长效肥料、缓控释肥料。

（6）按肥料的化学性质可分为碱性肥料、酸性肥料、中性肥料。具体肥料的酸碱性见表1-1。

表1-1　各种肥料酸碱性

化肥类型	名称	化学酸碱性	生理酸碱性
氮肥	碳酸氢铵	碱性	中性
	硫酸铵	弱酸性	酸性
	氯化铵	弱酸性	酸性
	硝酸铵	弱酸性	中性
	尿素	中性	中性
磷肥	过磷酸钙	酸性	酸性
	重过磷酸钙	酸性	酸性
	钙镁磷肥	碱性	碱性
	磷矿粉	中性或微碱性	碱性
钾肥	氯化钾	中性	酸性
	硫酸钾	中性	酸性
复合肥料	硝酸钾	中性	中性
	硝酸磷肥	弱酸性	中性
	磷酸一铵	弱酸性	中性
	磷酸二铵	微碱性	中性
	磷酸二氢钾	弱酸性	中性

（二）化学肥料与有机肥料的区别

1. 化学肥料的定义

从广义来说，指工业生产的一切无机肥及缓效肥；从狭义来说，指用化学方法生产的肥料。

化学肥料主要包括氮肥、磷肥、钾肥、复混（合）肥、钙肥、镁肥、硫肥、微量元素肥等。

2. 有机肥料的定义

又称农家肥，是利用动植物残体或人畜排泄物等有机物料，就地积制或直接耕埋施用的一类自然肥料。有机肥料可归纳为以下五类。

（1）粪尿肥。包括人畜粪尿及厩肥、禽粪、海鸟粪以及蚕沙等。

（2）堆沤肥。包括堆肥、沤肥、沼气肥料。

（3）绿肥。包括栽培绿肥和野生绿肥。

（4）杂肥。包括泥炭及腐殖酸类肥料、油粕类、泥土类肥料等。

（5）种植废弃物。包括作物秸秆、果树枯枝落叶、尾菜等。

3. 化学肥料与有机肥料的区别

（1）有机肥料含有大量的有机质，具有明显的改土培肥作用；化学肥料只能提供作物无机养分，长期施用会对土壤造成不良影响，导致土壤板结、次生盐渍化、土壤酸化等。

（2）有机肥料含有多种养分，所含养分全面平衡；而化学肥料所含养分种类单一，长期施用容易造成土壤和植物体中的养分不平衡。

（3）有机肥料养分含量低，需要大量施用；化学肥料养分含量高，施用量少。

（4）有机肥料肥效长；化学肥料肥效期短而猛，容易造成养分流失，污染环境。

（5）有机肥料来源于自然，没有化学合成物质，长期施用可以改善农产品品质；化学肥料属化学合成物质，施用不当会降低农产品品质。

（6）有机肥料在生产加工过程中，只要经过充分的腐熟处理，施用后便可提高作物的抗旱、抗病、抗虫能力，减少农药的使用量；长期过量施用化肥，会降低植物的免疫力，发病率升高，化学农药使用量增加，导致食品中有害物质增多。

（7）有机肥料中含有大量的有益微生物，可以促进土壤中的生物转化过程，有利于土壤肥力的提高；长期大量施用化学肥料会抑制土壤微生物的活动，导致土壤的自净能力下降。

（三）常见的氮肥品种及特性

1. 常见的氮肥品种

常见的氮肥品种大致分为铵态氮肥、硝态氮肥、硝铵态氮肥和酰胺态氮肥4种类型。

铵态氮肥：硫酸铵、氯化铵、碳酸氢铵。

硝态氮肥：硝酸钠、硝酸钙。

硝铵态氮肥：硝酸铵、硝酸铵钙和硫硝酸铵。

酰胺态氮肥：尿素、氰氨化钙（石灰氮）。

2. 常见氮肥特性

（1）铵态氮肥。

铵态氮肥较常用，主要特性水能溶。

铵根离子带阳电，阴电土粒相互拥。

硝化作用变硝氮，提高氮肥有效性。

与碱混合铵变氨，氨气挥发不肥田。

①碳酸氢铵。

碳酸氢铵偏碱性，施入土壤变为中。

含氮十六至十七，各种作物都适宜。

高温高湿易分解，施用千万要深埋。

牢记莫混钙镁磷，还有草灰人尿粪。

②硫酸铵。

硫铵俗称肥田粉，氮肥以它作标准。

含氮高达二十一，各种作物都适宜。

生理酸性较典型，最适土壤偏碱性。

混合普钙变一铵，氮磷互补增效应。

③氯化铵。

氯化铵，生理酸，含量二十五个氮。

施用千万莫混碱，用于种肥出苗难。

牢记红薯马铃薯，烟叶甜菜都忌氯。

重用棉花和水稻，掺和尿素肥效高。

（2）硝态氮肥。

硝态氮肥问世早，用作追肥肥效高。

主要养分为氮素，钠钙离子也起效。

硝根离子带阴电，土壤胶粒吸附难。

但易水溶肥效快，吸湿性强易爆燃。

①硝酸钠。

智利硝石硝酸钠，多在旱地施用它。

最适作物为甜菜，还有萝卜和亚麻。

含氮较低为十五，也适其他农作物。

生理反应呈碱性，盐碱水地不要用。

②硝酸钙。

挪威硝石硝酸钙，常温之下不分解。

含氮十四生理碱，易溶于水呈弱酸。

各类土壤都适用，最好施于缺钙田。

最适作物马铃薯，甜菜大麦和稻谷。

（3）硝铵态氮肥。

铵态硝态为一体，称为铵态硝态肥。

典型代表为硝铵，氮肥家族谓骨干。

硫硝酸铵新型肥，含量可达二十七。

硝酸铵钙有前途，能够中和酸碱度。

①硝酸铵。

硝酸铵，生理酸，内含三十四个氮。

铵态硝态各一半，吸湿性强易爆燃。

施用最好作追肥，不施水田不混碱。

掺和钾肥氯化钾，理化性质大改观。

②硫硝酸铵。

硫硝酸铵为复盐，易溶于水呈弱酸。

含氮可达二十七，铵氮硝氮三比一。

只因含有铵态氮，千万莫混碱性肥。

适应各种农作物，用作追肥最适宜。

③硝酸铵钙。

硝酸铵钙为复盐，又名石灰硝酸铵。

由于含有碳酸钙，减轻结块和爆燃。

一般含氮二十二，易溶于水呈弱碱。

铵氮硝氮各一半，混施普钙肥效减。

（4）酰胺态氮肥。

酰胺氮肥如尿素，没有离子能吸附。

脲酶作用变碳铵，然后浇水肥效速。

氰铵氮肥石灰氮，入土变为氰氨盐。

接着转化为尿素，再变碳铵需七天。

①尿素。

尿素性平呈中性，各类土壤都适用。

含氮高达四十六，根外追肥称英雄。

施入土壤变碳铵，然后才能大水灌。

千万牢记要深施，提前施用最关键。

②石灰氮。

石灰氮，有毒性，杀虫灭菌有作用。

掺土堆沤变尿素，黑色粉末质地轻。

含氮二十性偏碱，莫混普钙铵态氮。

接触皮肤要冲洗，莫施十字花科地。

（四）常见的磷肥品种及特性

1. 常见的磷肥品种

水溶性磷肥，主要有普通过磷酸钙、重过磷酸钙和磷酸铵（磷酸一铵、磷酸二铵）等。这类肥料适用范围广，但最好用于中性和石灰性土壤，其中磷酸铵是氮磷二元复合肥料，且磷含量高，在施用时，除豆科作物外，大多数作物施用时必须配施氮肥，调整氮、磷比例，否则，会造成浪费或由于氮磷施用比例不当引起减产。

弱酸溶性磷肥，主要包括钙镁磷肥、脱氟磷肥、钢渣磷肥和偏磷酸钙等。这类肥料不溶于水但在土壤中能被弱酸溶解，进而被作物吸收利用；在石灰性碱性土壤中，与土壤中的钙结合，向难溶性磷转化，降低磷的有效性。因此这类肥料适用于酸性土壤。

难溶性磷肥，如磷矿粉、骨粉和磷质海鸟粪等，这类肥料不溶于水，只溶于强酸，施入土壤后，主要靠土壤的酸使它慢慢溶解，变成作物能利用的形态。这类肥料适用于酸性土壤，肥效慢，后效长，可用作基肥，也可与有机肥料堆腐或与化学酸性、生理酸性肥料配合施用，效果较好。

2. 常见磷肥特性

（1）水溶性磷肥。

水溶磷肥人人爱，易溶于水肥效快。

主要品种有两种，过磷酸钙和重钙。

它们性质均为酸，对碱作用很敏感。

储运千万莫受潮，严防磷素变无效。

①过磷酸钙。

过磷酸钙水能溶，各种作物都适用。

混沤厩肥分层施，减少土壤来固定。

配合尿素硫酸铵，以磷促氮大增产。

含磷十八呈酸性，运储施用莫遇碱。

②重过磷酸钙。

过磷酸钙名加重，也怕铁铝来固定。

含磷高达四十六，俗称重钙呈酸性。

用量掌握要灵活，它与普钙用法同。

由于含磷比较高，不宜拌种蘸根苗。

（2）弱酸溶性磷肥。

枸溶磷肥水不溶，只能溶在酸液中。

作物根系分泌酸，溶解磷肥是本能。

用前关键要堆沤，肥效慢长不固定。

只因内含钙和镁，酸性土壤更适应。

①钙镁磷肥。

钙镁磷肥呈碱性，酸性土壤最适用。

含磷十八水不溶，混合厩肥增效应。

只因含有钙镁锰，还有硅肥以及铜。

用于油菜蚕豌豆，果树谷物都适应。

②钢渣磷肥。

钢渣磷肥碱炉渣，酸性土壤喜欢它。

灰黑粉末含磷低，适宜用来作基肥。

用前最好先堆沤，磷素用率能提高。

千万莫混铵态氮，用于水稻能增产。

③脱氟磷肥。

脱氟磷肥含氟少，可喂牲畜作饲料。

浅灰褐色细粉末，混沤厩肥肥效高。

不易结块弱酸溶，含磷二十碱反应。

含钙较多无铅砷，最适土壤为酸性。

④偏磷酸钙。

偏磷酸钙浓度高，施用要比普钙少。

含磷高达六十三，弱酸全溶水溶慢。

吸湿结块无腐蚀，黄色粉末性偏碱。

最好施在酸性地，肥效持久作基肥。

（3）难溶性磷肥。

难溶磷肥溶解难，不溶水来稍溶酸。

要想取得好肥效，科学施肥是关键。

强调用前要堆沤，配合氮肥生理酸。

应施缺磷酸性地，撒施均匀作基肥。

①磷矿粉。

磷矿粉、性难溶，利用磷矿研磨成。

灰褐粉末不结块，没有腐蚀性稳定。

化学性质微偏碱，一般全磷超十三。

酸性低磷薄地用，适应豆科紫云英。

②骨粉。

骨粉现有三产品，脱脂脱胶生骨粉。

含磷有达二十七，含氮较少五至一。

由于难溶性偏碱，应施缺磷酸性田。

混合厩肥来堆沤，胜似普钙能增产。

（五）常见的钾肥品种及特性

1. 常见的钾肥品种

硫酸钾，是高浓度的速效钾肥，是生理酸性肥料，具有很好的水溶性，但长期使用，会加重土壤酸化，加重土壤中活性铝、铁对作物的危害。在石灰性土壤上长期施用易造成土壤板结，此时应增施有机肥。

氯化钾，是高浓度的速效钾肥，是生理酸性肥料，具有很好的水溶性，但长期使用，会加重土壤酸化，加重土壤中活性铝、铁对作物的危害。在石灰性土壤上长期施用易造成土壤板结，不适用于烟草、薯类、瓜果类作物。

硝酸钾，无色结晶体，吸湿性小，易结块，物理性状良好，施用方便，是很好的水溶性钾肥。硝酸钾是氮钾复合肥料，氮、钾总含量在60%左右，是化学中性、生理中性肥料，长期施用，不会导致土壤酸化。适用于果树幼果膨大期至着色初期，可以促进果肉细胞的膨大。因含有硝态氮，不建议着色后期使用，容易造成返青。

磷酸二氢钾，是化学中性、生理中性肥料，具有良好的水溶性。一般在开花前后使用，可用于促进根系生长和花芽分化，为开花坐果提供能量；着色期使用可以促进上粉着色，增加果实甜度；果实采摘后使用可以促进枝条老熟，提高果实木质化程度。

草木灰，这类肥料是植物燃烧后的灰烬，含有较多的钾和钙，还有磷、镁、硫和各种微量元素。它属于碱性肥料，不宜与铵态氮肥或腐熟的有机肥混用，否则会引起氮素挥发损失。草木灰质地疏松，色泽深，易吸收太阳能量，最宜早春、秋播和高寒地区作盖种肥。除供给养分外，还可提高地温。

2. 常见钾肥特性

钾肥品种比较多，合理施用讲科学。

钾为一价强碱性，兄弟元素易化合。

能使多种酶活化，还能透过生物膜。

易溶于水肥效快，还需氮磷来配合。

（1）硫酸钾。

硫酸钾，较稳定，易溶于水性为中。

吸湿性小不结块，生理反应呈酸性。

含钾超过四十八，混合磷肥作用大。

喜钾作物马铃薯，烟叶葡萄和亚麻。

（2）氯化钾。

氯化钾，早当家，钾肥家族数它大。

易溶于水性为中，生理反应呈酸性。

多为白色结晶体，进口有的色为红。

含量五十至六十，忌氯作物莫要用。

（3）高锰酸钾。

高锰酸钾灰锰氧，深紫颜色结晶状。

既含钾来又含锰，叶面喷洒最适用。

不仅品质可提高，还能抑制多种病。

医药多用其消毒，水质净化也常用。

（4）窑灰钾肥。

窑灰钾肥强碱性，黄褐粉末结构松。

含钾只有十八九，还含钙镁硅铁硫。

施用不要作种肥，最好施在酸性地。

莫混普钙铵态氮，豆科作物很欢喜。

（5）钾镁肥。

钾镁肥料为中性，吸湿性强水能溶。

含钾可达二十七，还含食盐和镁肥。

用前最好要堆沤，适应酸性红土地。

忌氯作物不要用，千万莫要作种肥。

（6）钾钙肥。

钾钙肥料强碱性，酸性土壤最适用。

灰色粉末易溶水，各种作物都适应。

含钾仅有四至五，性状较好便运输。

十有七八硅钙镁，有利抗病防倒伏。

（7）草木灰。

草木灰含碳酸钾，黏质土壤吸附大。

易溶于水肥效高，不要混合人粪尿。

由于性质呈现碱，也莫掺和铵态氮。

含钾虽说仅有五，还含磷钙镁硫素。

（六）常见微量元素肥料特性

微量元素硼和锰，还有锌钼铁氯铜。

这些元素虽说少，所起作用可不小。

一能促进氮代谢，使其合成高蛋白。

二使作物能固氮，还能参与磷代谢。

微量元素性不同，施用各有各的用。

要想使其显奇功，请看下面的特性。

1. 硼肥

常用硼肥有硼酸，硼砂已经用多年。

硼酸弱酸带光泽，三斜晶体粉末白。

有效成分近十八，热水能够溶解它。

四硼酸钠称硼砂，干燥空气易风化。

含硼十一性偏碱，适应各类酸性田。

作物缺硼植株小，叶片厚皱色绿暗。

棉花缺硼蕾不花，多数作物花不全。

增施硼肥能增产，关键还需巧诊断。

麦棉烟麻苜蓿薯，甜菜油菜及果树。

这些作物都需硼，用作喷洒浸拌种。

浸种浓度掌握稀，万分之一就可以。

叶面喷洒作追肥，浓度万分三至七。

硼肥拌种经常用，千克种子一克肥。

用于基肥农肥混，每亩[*]莫过一千克。

---

* 1亩≈667m^2。

2. 钼肥

常用钼肥钼酸铵，五十四钼六个氮。

粒状结晶易溶水，也溶强碱及强酸。

太阳暴晒易风化，失去晶水以及氨。

作物缺钼叶失绿，首先表现叶脉间。

豆科作物叶变黄，番茄叶边向上卷。

柑橘失绿黄斑状，小麦成熟要迟延。

最适豆科十字科，小麦玉米也喜欢。

不适葱韭等蔬菜，用作基肥混普钙。

每亩仅用一二两，严防施用超剂量。

经常用于浸拌种，根外喷洒最适应。

浸种浓度千分一，根外追肥也适宜。

拌种千克需四克，兑水因种各有异。

还有钼肥钼酸钠，含钼有达三十八。

白色晶体易溶水，酸地施用加石灰。

3. 锰肥

常用锰肥硫酸锰，结晶白色或淡红。

含锰二六至二八，易溶于水易风化。

作物缺锰叶肉黄，出现病斑烧焦状。

严重全叶都失绿，叶脉仍绿特性强。

对照病态巧诊断，科学施用是关键。

一般亩施三千克，生理酸性农肥混。

拌种千克用八克，二十克重用甜菜。

浸种叶喷浓度同，千分之一就可用。

另有氯锰含十七，碳酸锰含三十一。

氯化锰含六十八，基肥常用锰废渣。

对锰敏感作物多，甜菜麦类及豆科。

玉米谷子马铃薯，葡萄花生桃苹果。

4. 锌肥

常用锌肥硫酸锌，按照剂型有区分。

一种七水化合物，白色颗粒或白粉。
含锌稳定二十三，易溶于水为弱酸。
二种含锌三十六，菱状结晶性有毒。
最适土壤石灰性，还有酸性沙质土。
适应玉米和甜菜，稻麻棉豆和果树。
是否缺锌要诊断，酌情增锌能增产。
玉米对锌最敏感，缺锌叶白穗秃尖。
小麦缺锌叶缘白，主脉两侧条状斑。
果树缺锌幼叶小，缺绿斑点连成片。
水稻缺锌草丛状，植株矮小生长慢。
亩施莫超两千克，混合农肥生理酸。
遇磷生成磷酸锌，不易溶水肥效减。
玉米常用根外喷，浓度一定要定真。
若喷百分零点五，外添一半石灰熟。
这个浓度经常用，还可用来喷果树。
其他作物千分三，连喷三次效明显。
拌种千克四克肥，浸种一克就可以。
另有锌肥氯化锌，白色粉末锌氯粉。
含锌较高四十八，制造电池常用它。
还有锌肥氧化锌，又叫锌白锌氧粉。
含锌高达七十八，不溶于水和乙醇。
百分之一悬浊液，可用秧苗来蘸根。
能溶醋酸碳酸铵，制造橡胶可充填。
医药可用作软膏，油漆可用作颜料。
最好锌肥螯合态，易溶于水肥效高。

5. 铁肥

常用铁肥有黑矾，又名亚铁色绿蓝。
含铁十九硫十二，易溶于水性为酸。
南方稻田多缺硫，施用一季壮一年。
北方土壤多缺铁，直接施地肥效减。

应混农肥人粪尿，用于果树大增产。
施用黑矾五千克，二百千克农肥掺。
集中施于树根下，增产效果更可观。
为免土壤来固定，最好根外追肥用。
亩需黑矾二百克，兑水一百千克整。
时间掌握出叶芽，连喷三次效果明。
也可树干钻小孔，株塞两克入孔中。
还可针注果树干，浓度百分零点三。
作物缺铁叶失绿，增施黑矾肥效速。
最适作物有玉米，高粱花生大豆蔬。

6. 铜肥

目前铜肥有多种，溶水只有硫酸铜。
五水含铜二十五，蓝色结晶有毒性。
应用铜肥有技术，科学诊断看苗情。
作物缺铜叶尖白，叶缘多呈黄灰色。
果树缺铜顶叶簇，上部顶梢多死枯。
认准缺铜才能用，多用基肥浸拌种。
基肥亩施一千克，可掺十倍细土混。
重施石灰沙壤土，土壤肥沃富钾磷。
麦麻玉米及莴苣，洋葱菠菜果树敏。
浸种用水十千克，兑肥零点二克准。
外加五克氢氧钙，以免作物受毒害。
根外喷洒浓度大，氢氧化钙加百克。
掺拌种子一千克，仅需铜肥为一克。
硫酸铜加氧化钙，波尔多液防病害。
常用浓度百分一，掌握等量五百克。
铜肥减半用苹果，小麦柿树和白菜。
石灰减半用葡萄，番茄瓜类及辣椒。
由于铜肥有毒性，浓度宁稀不要浓。

（七）常见复合肥料种类及特性

1. 复合肥料的定义

指在一种化学肥料中，同时含有氮、磷、钾等主要营养元素中的两种或两种以上成分的肥料。含两种主要营养元素的叫二元复合肥料，含3种主要营养元素的叫三元复合肥料，含3种以上营养元素的叫多元复合肥料，复合肥料习惯上用$N-P_2O_5-K_2O$相应的百分含量来表示其成分。

复合肥料具有有效成分高、养分种类多、副成分少、对土壤不良影响小、生产成本低、物理性状好等优点，但存在养分比例固定，适应性不强，不能满足各种作物的不同需要，常需用单质肥料补充调节的缺点。

2. 复合肥料的种类

目前，我国肥料市场上销售的复合肥料，大致可分成以下几种类型。

（1）按生产工艺分为化学复合肥料、复混肥料（复合肥料）和掺混肥料（BB肥）。

化学复合肥料是一类仅通过化学方法合成的肥料，这类复合肥均为两元素复合肥料，大致有如下品种。

硝酸磷肥：主要组分是磷酸二钙、磷酸铵和硝酸铵，一般总养分含量为40%。

磷酸二铵：含氮21%，含磷54%，总养分为75%。

磷酸一铵：含氮为12%，含磷为61%，总养分为73%。

硝酸钾：含氮13%，含钾46%，总分为59%。硝酸钾可用于叶面喷施，或用于滴灌施肥。

复混肥料（复合肥料）在生产过程中既有化学反应，也有混合过程。一般以磷酸作为主要原料，加氨进行反应，然后加入钾肥混合，经浓缩烘干后成为三元复合肥料。这一生产工艺也称为料浆法工艺，这种工艺生产的均是高浓度肥料。优点为：养分均匀，每个颗粒之间养分一致，少有误差。物理性状好，颗粒大小均匀，抗压强度大，表面光滑，在运储过程中不易破碎，也不易结块。总之，肥料质量容易保证。

掺混肥料（BB肥）是采用粉状肥料经物理混合、造粒或者把氮、磷、钾肥直接掺混而成。采用这种工艺，生产的肥料养分浓度较低，一般以中低浓度肥料为主，氮磷钾总养分大多在25%～35%。这类肥料散装出售或根据农户要求直接施于农田。

（2）按用途分为通用型和专用型两种。

通用型：把氮、磷、钾养分含量相等的肥料称为通用型肥料。例如，15-15-15，17-17-17。这种肥料在各种土壤和作物上都可以使用，其缺点是磷或钾比例不合适，针对性差。

专用型：主要依据作物营养特点和土壤养分状况确定配方。按作物养分需求不同，分为喜磷作物和喜钾作物两大类。

喜磷作物：油菜、大豆、向日葵和豆科牧草。

喜钾作物：瓜、果、菜、茶叶、薯类、烟草和糖料作物。

（3）按养分形态分为尿基复合肥、硝基复合肥、硫基复合肥和氯基复合肥。

尿基复合肥：一般在原尿素厂生产，其主要特点以尿素溶液喷浆造粒而成。

硝基复合肥：在生产硝酸磷肥基础上，加钾而制成，其主要特点是氮源中含有硝态氮，适合于旱地，尤其适合蔬菜、果树。

硫基复合肥：指复合肥中的钾源为硫酸钾，适宜于对氯敏感的作物。

氯基复合肥：或以氯化钾为钾源，或以氯化铵为氮源，或两者兼有（也称为双氯化肥）。

对氯敏感的作物，主要是烟草、柑橘、茶树、葡萄要慎用氯基复合肥。对双氯肥料（氯化钾加氯化铵），要注意施用方法，宜撒施，不宜穴施或开沟条施，否则容易烧种、烧根。

3. 复合肥与复混肥的区别

（1）养分含量不同。复合肥养分含量和配比相对固定，复混肥和养分含量有一定的变化性。

（2）生产工艺不同。复混肥的生产工艺比较简单，通常是将尿素、过磷酸钙、氯化钾通过机械混匀加工，如BB肥，它是把单质肥料（或多元肥料）按一定比例掺混而成，特点是氮磷钾及微量元素的比例容易调整，可以根据用户需要生产出各种规格的专用肥，适合测土配方施肥。复合肥是生产过程中利用化学反应制成，完成这一过程需要复杂的技术和化工设备。

（3）监督管理形式不同。由于生产复混肥一般无须化工设备，以次充好、以假充真相对容易。为保护农民的利益，国家质量技术监督部门实行《工业产品生产许可证》监督管理。而复合肥生产无须此证。

（八）生物肥的种类及其特性

1. 生物肥的定义

生物肥又称微生物肥料或微生物菌剂，俗称菌肥或菌剂，是以有机溶液或草木灰等有机物为载体接种有益微生物而形成的一类肥料，主要功能成分为活微生物菌。

2. 生物肥的种类

生物肥按作用机理分两大类：一类是微生物菌施入土壤后，在土壤环境中大量繁殖，成为作物根区优势菌株，增加土壤矿物养分的分解、释放，提高土壤养分供应能力。另一类是微生物施入土壤后，通过微生物区系的变化或分泌物的影响，改变作物根区环境，促进作物根系发育，提高作物吸收利用养分能力。

3. 生物肥的作用

（1）增加土壤肥力。生物肥中有益菌可将土壤中不能利用的化合态磷钾活化为可利用态，并活化土壤中的中、微量元素。许多微生物可以产生大量多糖，与植物分泌的黏液及矿物胶体、有机胶体相结合，形成土壤团粒结构，增进土壤保肥、蓄水能力。

（2）协助作物吸收营养。生物菌肥中最重要的是根瘤菌肥，它们可以帮助豆科作物固定大气中的氮，满足豆科作物对氮的需求。另外，这些有益微生物可以分泌生长素、细胞分裂素、赤霉素、吲哚乙酸等，调控作物代谢，促进作物生长。

（3）增强作物抗病抗旱能力。有益微生物在根际大量繁殖，抑制病原微生物繁殖，提高作物抗病能力；菌根真菌的根外菌丝可以帮助植物吸收水分，提高作物抗旱能力。

4. 生物肥使用注意事项

（1）产品质量。液体肥料无沉淀、无混浊；固体肥料的载体颗粒均匀，无结块；生产单位正规，有合格证书等。

（2）贮存环境。不得阳光直射，避免潮湿，保证干燥通风等。

（3）及时使用。生物肥料的有效期较短，不宜久存，一般可于使用前2个月内购回，若有条件，可随购随用。

（4）合理施用。根据生物肥料的特点并严格按说明书操作规范要求施用。

（5）与其他药、肥分施。在没有弄清其他药、肥的性质以前，将生物肥料单独施用。

（6）施用的连续性。喷施生物肥时，效果在数日内即较明显，微生物群体衰退很快，因此，应予及时补施，以保证其效果的连续性和有效性。

（九）绿肥及其特点

1.绿肥的定义

凡以植物的绿色部分翻入土中作为肥料的均称绿肥，作为肥料而栽培的作物，叫绿肥作物。主要的绿肥作物有紫云英、苕子、紫花苜蓿、草木樨、田菁、绿萍、水花生等。

2.绿肥的特点

（1）生产成本低。绿肥可利用休闲地、空隙地以及不同茬口进行间种、套种，还可适当减少化肥用量。

（2）施用方便。绿肥就地种植，就地施用，无须调运。对于改良边缘低产田，提高作物产量有着实际意义。

（3）供作饲料。绿肥含有丰富的蛋白质、维生素和各种营养元素，是家畜的优良饲料。绿肥先作饲料，然后以厩肥还田。

（十）水溶性肥料及其特点

1.水溶性肥料的定义

水溶性肥料是指经过水溶解或者稀释，应用于叶面喷施、无土栽培、浸种蘸根、滴喷灌等的固体或液体肥料。这类肥料主要指水溶性的复合肥料或复混肥料（如硝酸钾、磷酸二铵、磷酸二氢钾）、大中微量元素水溶肥、氨基酸类水溶肥料、腐殖酸类水溶性肥料等。

2.水溶性肥料的特性

水溶性肥料有针对性强、吸收快、用量省等特点。

（1）针对性强。可根据土壤养分状况、供肥水平及不同作物营养元素的需求确定肥料类型。

（2）吸收快。水溶性肥料直接用于作物根部或者叶面，营养成分直接进入植物体，效果及速度均比非水溶性肥料快。

（3）用量省。叶面喷施用量少，浓度低，养分直接被输送到生长最旺盛的部位，利用率高，且不接触土壤，避免了养分在土壤中的固定或淋洗。

（4）水溶性肥料可用于叶面喷施、无土栽培、灌溉施肥和滴灌等。

3. 水溶性肥料的施用方法

（1）叶面喷施。在作物生长期间，把水溶性肥料溶解稀释到一定浓度直接喷于植物叶面。一般分为大量元素叶面肥、微量元素叶面肥、腐殖酸叶面肥、氨基酸叶面肥。叶面喷施水溶性肥料一般选在10时前或者16时后。喷施于嫩叶和叶片背面。叶面喷施应避开低温、高温和阴雨天气。

（2）灌溉施肥。通过不同的灌溉方式将肥料和灌溉水一起施到根层土壤，定量供给作物水分和养分及维持适宜水分和养分浓度的有效方法。一般来说，施用固态水溶肥时，先将其溶解并配成混合溶液，再进行灌施或喷施。液体水溶肥溶液需配备管道、贮肥罐、施肥器等设备。肥料很易溶入灌溉水中，可实现喷灌和滴灌。

与普通复合肥相比，绝大多数水溶性肥料都采用水、肥同施，以水带肥，通过合理的水肥精量调控管理，发挥水肥协同效应，明显提高水肥利用效率。

4. 水溶性肥料鉴别

（1）看包装上各元素含量。依据大量元素水溶肥料标准，氮、磷、钾三元素至少包含两种，且最低单一大量元素含量不能低于4%（固体产品，下同）或40 g/L（液体产品，下同），三者之和不能低于50%或500 g/L，若在包装袋上看到大量元素中某一元素标注不足4%或40 g/L，或三元素总和不足50%或500 g/L，说明此类产品不合格。微量元素含量指铜、铁、锰、锌、硼、钼元素含量之和，产品应至少包含两种微量元素，含量不低于0.05%的单一微量元素均应计入微量元素含量中，但微量元素总含量必须在0.2%～3.0%或2～30 g/L范围内。

（2）看包装袋上各种具体养分的标注。大量元素水溶肥料对保证成分（包括大量元素和微量元素）标识非常清楚，而且都是单一标注。非正规厂家养分含量一般会用几种元素含量总和≥百分之几字样出现。

（3）看产品配方和登记作物。大量元素水溶肥料是一种配方肥料。水溶肥料一般都有好几个配方，从苗期到采收均能找到适宜的配方使用，若包装上明确写着是某某作物的专用肥，一两个配方打天下，此类做法是不正规的。正规的肥料登记作物是某一种或几种作物，对于没有登记的作物需要有各地使用经验说明。

（4）看产品执行标准、产品通用名称和肥料登记证号。通常说的水溶性肥料，实际上它的产品通用名称是《大量元素水溶肥料》，通用的执行标准是NY/T 1107—2020，如果包装上出现的不是这个标准，则说明不是全水溶性肥料。

（5）看包装袋上重金属含量标注。大量元素水溶肥料重金属离子含量都低于国家标准，并且有明显的标注。若肥料包装袋上没有标注重金属含量的，请慎用。

（6）看溶解情况。水溶性肥料在水中溶解迅速，溶液澄清且无残渣及沉淀物，水不溶物含量小于5%或50 g/L。若肥料在水中不能完全溶解，有残渣则说明肥料质量不过关，在喷施时易堵塞喷头。

二、肥料施用的基本理论

合理施肥的基础理论包括养分归还学说、最小养分律、报酬递减律、因子综合作用律，以养分归还学说为中心的4个理论贯穿科学施肥的整个过程。

（一）平衡施肥的理论核心——养分归还学说

19世纪中期，德国人李比希提出了著名的矿质营养理论，指出植物以不同方式从土壤中吸收矿质养分，使土壤养分逐渐减少，连续种植会使土壤贫瘠，为了保持土壤肥力，必须把植物带走的矿质养分以施肥的方式归还给土壤，李比希的这一论点在植物营养理论中被称为"养分归还学说"。养分归还学说的核心是矿质营养，即作物生长需要的是矿质养分而不是其他物质。

（二）施肥的主要矛盾——最小养分律

李比希在提出了"养分归还学说"之后，又指出作物产量受土壤中相对含量最少的养分所控制，作物产量的高低则随最小养分补充的多少而变化，即"最小养分律"。"最小养分律"还被比喻成"木桶理论"，即作物需要的各种养分就好比组成木桶的每一块单一木板，木桶盛水量（产量大小）是由最短板的高度决定，并且会随着各块板的高度变化而改变。土壤中最小养分不是固定的，是随着施肥及作物等因素的影响变化而变化着的。

（三）经济合理的施肥要求——报酬递减律

报酬递减律是18世纪后期由欧洲经济学家杜尔哥和安得森提出的一条在农业上应用的经济规律，即投入土地上的劳力与资本所得的报酬，随劳动力和投资量的增加而递减，也就是随施肥量的增加，单位肥料所增加的作物经济产量呈递减趋势。在施肥中，过量施肥不仅不会增产，还可能会造成减产，即施肥与产量呈抛物线形式。

一般而言，施肥量是最大产量施肥量的60%左右时，作物的产量可以达到最高产量的90%左右，此时的施肥经济效益最高。

（四）决定肥料效益的因素——因子综合作用律

作物生长除了肥料因素外，还受其他因素的影响，如水分、光照、温度、土壤成分、品种、耕作等因素，作物产量受上述因子的综合影响，但其中必然有一个起主导作用的限制因子，产量也受该限制因子制约。为了充分发挥肥料的增产作用，提高肥料的经济效益，一方面施肥必须与其他农业技术措施密切配合（如水肥一体化、滴灌技术）；另一方面各种肥料养分之间的配合施用，也应该因地制宜地加以综合运用（套餐肥）。

对养分而言，因子综合作用律主要是水分和养分的关系、温度和养分的关系、品种和养分的关系、耕作和养分的关系、各养分之间的关系。一般来说，养分的利用率随温度、水分的升高而加大，但有一定的度，超过这个度作物生长就会受抑制而对养分的吸收下降；不同作物对养分的吸收能力、种类、数量不同，同一种作物不同品种对养分的吸收利用也不同。

（五）作物对肥料吸收利用方式

作物吸收养分主要依靠根系，根系越发达，吸肥能力就越强。养分到达根表有质流、扩散和截获3种方式。截获是养分在土壤中不经移动，直接从根系接触的土壤颗粒表面吸收，但这种方式获取养分量很少。质流是指由于作物叶片的蒸腾作用，形成蒸腾拉力，使得土壤中的水分大量的流向根际，土壤溶液中的养分随着土壤水分迁移到根的表面被根吸收，吸收数量取决于植物的蒸腾率和土壤中养分浓度。扩散是当根系截获和质流不能向根系提供足够养分时，根系表面会出现一个养分耗竭区，使土壤与根表产生养分浓度梯度，养分沿着养分浓度梯度由土体向根表迁移。

三、肥料的选择和购买

（一）购买肥料产品的注意事项

1. 包装材料

外袋为塑料编织袋，内袋为薄膜袋，也可用二合一复膜袋，碳铵不用复合袋包装。凡包装材料不符上述要求都可能是假冒伪劣产品。

2. 包装袋标志

包装袋上应标明肥料名称、养分含量、等级、净重、执行标准号、生产厂名、厂址、质量合格证、肥料登记证、生产许可证号等，如果上述标志没有或不完整，有可能是假冒伪劣产品。

3. 养分含量

主要指氮、磷、钾含量，应标注各个元素含量及总含量。如果产品中添加中量元素（硫、钙、镁）或微量元素（铜、锌、铁、锰、钼、硼），应标明各中量元素或微量元素总含量。

4. 添加物

产品中有添加物时，必须与原物料混合均匀，不能以小包装形式放入包装袋中。

5. 购肥凭证

应注意保留购肥凭证，购肥凭证是发票或小票，票中应注明所购肥料的名称、数量、含量、价格等内容。如果经销单位拒绝出具购肥凭证，农民可向农业行政执法部门或工商管理部门举报。

6. 样品存留

如果购肥半吨以上，最好留有一袋不开封作为样品，等待当季作物收获后没有出现问题再自行处理。

（二）肥料购买的选择标准

1. 氮肥

玉米、小麦、水稻等禾谷类作物，施用铵态氮化肥（如碳铵、硫铵、氯铵、尿素）或硝态氮化肥（如硝酸铵）同样有效。马铃薯、甘薯宜用铵态氮化肥。硝酸铵能改善烟草的品质，其中的铵态氮能有助烟草的燃烧性，而含氯的化肥（如氯化铵）却降低烟草的燃烧性，应避免使用。酸性土壤，宜选用化学碱性或生理碱性氮素化肥。在盐碱土地区，不宜选购施用含氯离子较多的氯化铵。碱性土壤中，铵态氮化肥虽然易被作物吸收利用，但要注意防止铵态氮的分解挥发。

2. 磷肥

豆科作物（大豆、花生）、糖料作物（甜菜、甘蔗）、纤维作物（棉花）、薯类作物（马铃薯）以及瓜类、果树需磷较多，增施磷肥有较好的肥效。

3. 钾肥

烟草、马铃薯、甘薯、甜菜、西瓜、果树等需钾量较大，但这些喜钾作物都忌氯，不宜施用氯化钾。氯化钾也不宜在盐碱地上长期施用，在非忌氯作物上可作基肥、追肥，但不宜作种肥。而硫酸钾适用于各种土壤、作物，可用作基肥、种肥、追肥及根外追肥。

（三）肥料购买须知

尽量购买市场占有率大的大型企业产品。

认清外包装标识，认清N-P$_2$O$_5$-K$_2$O养分含量，包装上氮磷钾以外的中微量元素只做购肥时的对比参考，不必计算。

肥料应按照标准化法的要求，每种产品都要有自己的产品执行标准，标准分4个水平：国家、行业、地方、企业，标准又分国家强制性标准和推荐性标准，标准分类分别为：国家标准（GB）、行标（NY或HG）、地标（DB）、企标（Q）。

肥料包装一般由商标、产品名称、养分含量、等级、执行标准、生产许可证号、产品登记证号、生产厂家、使用方法等组成。常见肥料的执行标准见表1-2。

表1-2 常见肥料的执行标准

肥料名称	执行标准
硫包衣尿素	GB/T 29401—2020
掺混肥料（BB肥）	GB/T 21633—2020
缓释肥料	GB/T 23348—2009
稳定性肥料	GB/T 35113—2017
脲醛缓释肥料	GB/T 34763—2017
大量元素水溶肥料	NY/T 1107—2020
中量元素水溶肥料	NY 2266—2012
微量元素水溶肥料	NY 1428—2010
含腐殖酸水溶肥料	NY 1106—2010
含氨基酸水溶肥料	NY 1429—2010
有机肥料	NY/T 525—2021
生物有机肥	NY 884—2012
农用微生物菌剂	GB 20287—2006
含有机质叶面肥料	GB/T 17419—2018
微量元素叶面肥料	GB/T 17420—2020

（四）肥料包装中的误导成分

1. 养分标识的误导成分

许多厂家将"N15 K15 CaMgSBCnZnFeMn15"的养分标识向外宣传这是
"3个15"的肥料，这是典型误导消费者的行为。这种肥料其实只有30%的标
识养分。

2. 误导性词汇

除了"引进某某国家技术""国内领先"等广告语外，在肥料的先进
性、肥料的效果方面的误导成分普遍存在，尤其是新型肥料。如含微生物的复
混肥料标上"含有益微生物"等类似的词汇。

3. 叶面肥料中的误导成分

"高倍数稀释"的叶面肥料：喷施时施用浓度太低，无效果；效果描述
不切实际，如"叶面肥可代替施肥""可抗病、抗虫"等。

（五）肥料真假的鉴别

1. 鉴别尿素的方法

一查：查包装的生产批号和封口。真尿素一般包装袋上生产批号清楚且为正反面都叠边的机器封口。假尿素包装上的生产批号不清楚或没有，而且大都采用单线手工封口。

二看：尿素是一种半透明且大小一致的白色颗粒。若颗粒表面颜色过于发亮或发暗，或呈现明显反光，则可能混有杂质，这时需谨慎购买。

三闻：正规厂家的尿素正常情况下无挥发性气味，只是在受潮高温后才能产生氨味。若正常情况下挥发味较强，则尿素中含有杂质。

四摸：真颗粒尿素大小一致，不易结块，因而手感较好，而假尿素手摸时有灼烧感和刺手感。

五烧：正规厂家生产的尿素放在火红的木炭上（或烧红的铁片上）迅速熔化，冒白烟，有氨味。如在木炭上出现剧烈燃烧，发强光，且带有"嗤嗤声"，或熔化不尽，则其中必混有杂质。

六称：正规厂家生产的尿素一般与实际重量相差都在1%以内，而以假充真的尿素则与标准重量相差很大。

2. 鉴别磷酸二铵的方法

磷酸二铵呈弱碱性，pH值为7.5～8.5，颗粒均匀，表面光滑，美国产磷酸二铵多为灰褐色或灰色颗粒，颗粒坚硬，断面细腻，有光泽，国产磷酸二铵为白色或灰白色颗粒。近几年，市场上出现了许多假冒磷酸二铵的肥料，对磷酸二铵真假的鉴别可通过如下方法进行。

仔细观看包装的标志，如有"复合肥料"的字样，就可以确定不是磷酸二铵。例如，有的肥料在包装袋上印有"××二铵"几个大字，下面用小字标出"复混肥料"，肯定是假肥料。

在木炭或烟头上灼烧，如果颗粒几乎不熔化且没有氨味，就可以确定它不是磷酸二铵。

取少许肥料颗粒放入容器中用水溶解，向溶液中加入少量碱面，立刻冒出大量气泡的多为磷酸一铵、硝酸磷肥等酸性肥料；而磷酸二铵为弱碱性，加入少量碱面后，等一会儿方能冒出气泡。

3. 鉴别钾肥的方法

目前市场上销售的钾肥主要是氯化钾和硫酸钾两种。此外，磷酸二氢钾作为一种磷、钾复合肥，作根外追肥，使用也很普遍。现将识别真假钾肥的简易方法介绍如下。

（1）看包装。化肥包装袋上必须注明产品名称、养分含量、等级、商标、净重、厂名、厂址、标准代号、生产许可证号码，如上述标识没有或不完整，则可能是假钾肥或劣质品。另外，硫酸钾执行的化工部颁布的HG/T 3279—1989，氯化钾执行的国标GB/T 6549—2011。

（2）看外观。氯化钾外观呈白色或浅黄色结晶，有时含有铁盐呈红色，是一种高浓度的速效钾肥。硫酸钾外观呈白色结晶或带颜色的结晶颗粒，特点是吸湿小，贮藏时不易结块。

（3）看水溶性。取氯化钾或硫酸钾、硫酸二氢钾1 g，放入干净的玻璃杯或白瓷碗中，加入干净的凉开水10 mL，充分搅拌均匀，看其溶解情况，全部溶解无杂质的是钾肥，不能迅速溶解，呈现粥状或有沉淀的是劣质钾肥或假钾肥。

（4）木炭试验。取少量氯化钾或硫酸钾放在烧红的木炭或烟头上，应不燃、不熔，有"劈啪"爆裂声。无此现象则为假冒伪劣产品。

（5）石灰水试验。有的厂商用磷铵加入少量钾肥，甚至不加钾肥，混合后假冒磷酸二氢钾。质量好的磷酸二氢钾为白色结晶，加入石灰水（或草木灰水）后，闻不到氨味。若外表观察是白色或灰白色粉末，加石灰水（或草木灰水）后闻到一股氨味，那就是假冒磷酸二氢钾。

（6）铜丝试验。用根干净的铜丝或电炉丝蘸取少量的氯化钾或磷酸钾，放在白酒火焰上灼烧，通过蓝色玻璃片，可以看到紫红色火焰。无此现象则为伪劣产品。

4. 鉴别硫酸铵的方法

农用硫酸铵为白色或浅色的结晶，氮（N）含量≥20.8%，易吸潮，易溶于水，在火上加热时，缓慢熔化，并伴有氨味放出。

5. 鉴别硝酸铵的方法

硝酸铵外观为白色，无肉眼可见的杂质，可能带微黄色，氮（N）含量≥34.4%，具有很强的吸湿性，且易结块，受热易分解。把化肥样品直接放在烧红的铁板上，熔化迅速，出现沸腾状，熔化快结束时可见火光，冒大量白烟，有氨味、鞭炮味。

6. 鉴别氯化铵的方法

氯化铵为白色或微黄色晶体，易溶于水，吸水性强，易结块。将少量氯化铵放在火上加热，可闻到强烈的刺激性气味，并伴有白色烟雾，迅速熔化并全部消失，在熔化的过程中可见到未熔部分呈黄色。

7. 鉴别碳酸氢铵的方法

外观为白色或微灰色结晶，有氨气味。吸湿性强，易溶于水，用手指拿少量样品进行摩擦，即可闻到较强的氨气味。把样品直接放在烧红的铁板上，不熔化，直接分解，产生大量白烟，有强烈的氨味。

8. 鉴别过磷酸钙的方法

外观为深灰色、灰白色、浅黄色等疏松粉状物，块状物中有许多细小的气孔，俗称"蜂窝眼"。有效磷（P_2O_5）含量≥12.0%，溶于水，水溶液呈酸性。加热时不稳定，可见其微冒烟，并有酸味。

9. 鉴别钙镁磷肥的方法

外观为极细的灰白色、灰绿色或灰黑色粉末，在阳光的照射下，一般可见到粉碎的、类似玻璃体的物体存在，闪闪发光。有效磷（P_2O_5）含量≥12.0%，不溶于水，不吸潮，在火上加热时，无明显变化。

10. 鉴别复合肥的方法

一看包装。合格产品双层包装，防湿防潮。包装物外表有三证号码，即生产许可证号码、经营许可证号码和产品质量合格登记证号码，有氮、磷、钾三大营养元素含量标识，有生产厂家、地址等。打开外包装，袋内要有产品使用说明书。

二看复合肥的物理性状。产品质量好的复合肥，颗粒大小均匀一致，不结块、不碎粉。

三看生产厂家。要购买正规厂家生产的复合肥，正规厂家的生产设备和技术较先进，生产的产品质量可靠，信誉有保证。

四要选适合本地的复合肥。本地生产的复合肥大多是根据本地区及周边地区的土壤养分含量情况、作物需肥规律和肥料效应生产的复合肥，针对性强。

11. 鉴别复混肥的方法

一看：优质复混肥颗粒一致，无大硬块，粉末较少。含氮量较高的复混肥，存放一段时间肥粒表面可见许多附着的白色微细晶体；劣质复混肥没有这些现象。

二搓：用手搓揉复混肥，手上留有一层灰白粉末，并有黏着感的为优质复混肥。破其颗粒，可见细小白色晶体的也是优质的。劣质复混肥多为灰黑色粉末，无黏着感，颗粒内无白色结晶。

三烧：取少许复混肥置于铁皮上放在明火中灼烧，有氨臭味说明含氮，出现紫色火焰表示含钾。氨味越浓，紫色火焰越长的是优质复混肥，反之，为劣质品。

四溶：优质复混肥在水中溶解，即使有少量沉淀，也较细小。劣质复混肥粗糙而坚硬，难溶于水。

五闻：复混肥料一般无异味（有机无机复混肥除外），如果具有异味，说明含有碳铵或有毒物质三氯乙醛（酸）等。

四、肥料使用注意事项

（一）作物合理施肥依据

合理施肥要求施肥有3个目的：使作物优质高产；以最少的投入获得最好的经济效益；改善土壤条件为高产稳产创造良好的基础，即要用地与养地相结合。

1. 因土施肥

（1）根据土壤肥力施肥。土壤有别于母质的特性就是其具有肥力，土壤肥力是土壤供给作物不同数量、不同比例养分，适应作物生长的能力。它包括土壤有效养分供应量、土壤通气状况、土壤保水保肥能力、土壤微生物数量等。

土壤肥力状况高低直接决定作物产量的高低，首先应根据土壤肥力确定合适的目标产量。一般以该地块前三年作物的平均产量增加10%～15%作为目标产量。

根据土壤肥力和目标产量确定施肥量。对于高肥力地块，土壤供肥能力强，适当减少基肥所占全生育期肥料用量的比例，增加后期追肥的比例；对于低肥力土壤，土壤供应养分量少，应增加基肥的用量，后期科学合理追肥。尤其要增加低肥力地块基肥中有机肥料的用量，有机肥料不仅要提供当季作物生长所需的养分，还可培肥土壤。

（2）根据土壤质地施肥。根据不同质地土壤中有机肥料养分释放转化性能和土壤保肥性能不同，应采用不同的施肥方案。

沙土土壤肥力较低，有机质和各种养分的含量均较低，土壤保肥保水能力差，养分易流失。但沙土有良好的通透性能，有机质分解快，养分供应快。沙土应增施有机肥料，提高土壤有机质含量，改善土壤的理化性状，增强保肥、保水性能。但对于养分含量高的优质有机肥料，一次使用量不能太多，使用过量也容易烧苗，转化的速效养分也容易流失，养分含量高的优质有机肥料可分基肥和追肥多次使用。也可深施大量堆腐秸秆和养分含量低、养分释放慢的粗杂有机肥料。

黏土保肥、保水性能好、养分不易流失。但土壤供肥慢，土壤紧实，通透性差，有机成分在土壤中分解慢。黏土施用的有机肥料必须充分腐熟；黏土养分供应慢，有机肥料应早施，可接近作物根部。

旱地土壤水分供应不足，阻碍养分在土壤溶液中向根表面迁移，影响作物对养分的吸收利用。应大量增施有机肥料，增加土壤团粒结构，改善土壤的通透性，增强土壤蓄水、保肥能力。

2.根据肥料特性施肥

有机肥料原料广泛，不同原料加工的有机肥料养分差别很大，不同肥料在不同土壤中的反应也不同。因此，施肥时应根据肥料特性，采取相应的措施，提高作物对肥料的利用率。

秸秆类有机肥料的有机物含量高，这类有机肥料对增加土壤有机质含量、培肥地力作用明显。秸秆在土壤中分解较慢，秸秆类有机肥料适宜作基肥，肥料用量可加大。但氮、磷、钾养分含量相对较低，微生物分解秸秆还需消耗氮素，要注意秸秆有机肥料与氮磷钾化肥的配合。

畜禽粪便类有机肥料的有机质含量中等，氮、磷、钾等养分含量丰富，其来源广泛，使用量大。但由于其加工条件的不一样，其成品肥的有机质和氮、磷、钾养分存在差别，选购使用该类有机肥料时应注意其质量的判别。纯畜禽粪便工厂化快速腐熟加工的有机肥料，其养分含量高，应少施，集中施用，一般作基肥，也可作追肥。含有大量杂质，采取自然堆腐加工的有机肥料，有机质和养分含量均较低，应作基肥，可以加大施用量。另外，畜禽粪便类有机肥料一定要经过灭菌处理，否则容易给作物和人、畜传染疾病。

绿肥是经人工种植的一种肥地作物，有机质和养分含量均较丰富。但种植、翻压绿肥一定要注意茬口的安排，不要影响主要作物的生长。绿肥一般有固氮能力，应注意补充磷钾肥。

垃圾类有机肥料的有机质和养分含量受原料的影响，很不稳定，每一批肥料的有机质和养分含量都不一样，一般含量不高，适宜作基肥。由于垃圾成分复杂，有时含有大量对人和作物有害的物质，如重金属、放射性物质等，使用垃圾肥时对加工肥料的垃圾来源要弄清楚，含有有害物质的垃圾肥严禁施用到蔬菜和粮食作物上，可用于人工绿地和绿化树木。

3.根据作物需肥规律施肥

不同作物种类、同一种类作物的不同品种对养分的需要量及其比例、养分的需要时期、对肥料的忍耐程度等均不同，因此在施肥时应充分考虑每一种作物需肥规律，制订合理的施肥方案。

（1）作物类型与施肥方法。对需肥期长、需肥量大、初期生长缓慢、中后期生长迅速的作物，从根或果实的肥大期至收获期，需要提供大量养分，才能维持旺盛的长势。例如西瓜、南瓜、萝卜等前半期只能看到微弱的生长，一旦进入成熟后期，活力增大。

从养分需求来看，前期养分需要量少，所以基肥选用有机肥特别要求氮含量不要太高，应重在作物生长后期多追肥，尤其是氮肥，但由于作物枝叶繁茂，后期不便施有机肥料。因此，有机肥最好还是作为基肥，施在离根较远的地方，或是作为基肥进行深施。

需肥稳定型收获期长的番茄、黄瓜、茄子等茄果类作物，以及生育期长的芹菜、大葱等，生长稳定，对养分供应也要求稳定持久。前期要稳定生长形成良好根系，为后期的植株生长奠定好的基础。后期是开花结果时期，既要保证好的生长群体，又要保证养分向果实转移，形成品质优良的产品。因此这类作物基肥和追肥都很重要，既要施足基肥保证前期的养分供应，又要注意追肥，保证后期养分供应。

一般有机肥料和磷、钾肥均作基肥施用，后期注意氮、钾追肥。同样是茄果类作物，番茄、黄瓜是边生长边收获，而西瓜和甜瓜，则是边抑制藤蔓疯长，边促进瓜膨大，故两类作物的施肥方法不同。两者共同点是多施有机肥作基肥，不同点是在追肥上，西瓜、甜瓜应采用少量多次的原则。

在初期就开始迅速生长的早发型作物。如菠菜、生菜等生育期短，一次性收获，若后半期氮素肥效过大，则品质恶化。所以，以基肥为主，施肥位置也要浅一些，离根近一些为好。白菜、圆白菜等结球作物，既需要良好的初期生长，又需要后半期有一定的长势，保证结球紧实，因此后半期也应追少量氮肥，保证后期的生长。

（2）根据栽培措施施肥。根据种植密度施肥。密度大可全层施肥，施肥量大；密度小应集中施肥，施肥量减小。果树按棵集中施肥。行距较大，但株距小的作物，可按沟施肥；行、株距均较大的作物，可按棵施肥。

注意水肥配合。肥料施入土后，养分的保存、移动、吸收和利用均离不开水，施肥应立即浇水，防止养分的损失，提高肥料的利用率。

根据栽培设施施肥。保护地为密闭的生长环境，应使用充分腐熟的有机肥料，以防有机肥料在大棚内二次发酵，造成氨气富集而烧苗。由于保护地内没有雨水的淋失，土壤溶液中的养分在地表富集容易产生盐害，因此，有机肥料、化肥一次使用量不要过多，施肥后应配合浇水。

4.有机肥料与化肥配合施用

有机肥料养分含量少、肥效迟缓、当季肥料中氮的利用率低（15%~20%），因此，在作物生长旺盛、需要养分最多的时期，有机肥料往往不能及时供给养分，需要追施化学肥料。

为了获得高产，提高肥效，就必须有机肥料和化学肥料配合施用，以便相互取长补短，缓急相济。而单方面偏重于有机肥料或无机肥料均不合理。

（二）化学肥料的施用

1.施用注意事项

（1）尿素不宜单独施用，也不可与碳铵混用，避免地表撒施。施用尿素后不能马上浇水。

（2）碳铵不宜施在土壤表面。

（3）碳铵不宜在温室和大棚内施用。

（4）铵态氮化肥勿与碱性肥料或农药混施。

（5）硝态氮化肥勿在稻田施用。

（6）硫酸铵不宜长期施用。

（7）磷肥不宜分散施用，且过磷酸钙不能与草木灰、石灰氮、石灰等碱性肥料混用。

（8）钾肥不宜干湿交替条件下施用。

（9）含氯化肥忌长期单独施用，并避免在忌氯作物施用。含氯复混（合）肥适用于耐氯力强及耐氯力中等的作物上，如水稻、高粱、谷子、棉花、菠菜、黄瓜、茄子等属于耐氯力强的作物，小麦、玉米、花生、大豆等属于耐氯力中等的作物。在耐氯力低的作物上不宜施用，如烟草、甘薯、马铃薯、白菜、辣椒、莴笋、苋菜、苹果、葡萄、茶、西瓜等。不宜施在含氯高的盐土、盐化土、渗水不好的黏土地、涝洼地、脱水性强的石灰性土壤及多年棚栽条件下的土壤。

（10）复合肥在使用过程中应选择合适浓度，含氮复合肥不宜大量用于豆科作物。

2. 混用注意事项

（1）尿素不能与草木灰、钙镁磷肥及窑灰钾肥混用。

（2）碳铵不能与草木灰、人粪尿、硝酸磷肥、磷酸铵、氯化钾、磷矿粉、钙镁磷肥、氯化铵及尿素混用。

（3）过磷酸钙不能与草木灰、钙镁磷肥及窑灰钾肥混用。

（4）磷酸二氢钾不能与草木灰、钙镁磷肥及窑灰钾肥混用。

（5）硫酸铵不能与碳铵、氨水、草木灰及窑灰钾肥混用。

（6）氯化铵不能与草木灰、钙镁磷肥及窑灰钾肥混用。

（7）硝酸铵不能与草木灰、氨水、窑灰钾肥、鲜厩肥及堆肥混用。

（8）硝酸磷肥不能与堆肥、草肥、厩肥、草木灰混用。

（9）磷矿粉不能和磷酸铵混用。

（10）人畜粪尿不能和草木灰、窑灰钾肥混用。

3. 储存注意事项

（1）防返潮变质。如碳酸氢铵易吸湿，造成氮挥发损失；硝酸铵吸湿性很强，易结块、潮解。这些化肥应存放在干燥、阴凉处，尤其碳酸氢铵储存时包装要密封牢固，避免与空气接触。

（2）防火避日晒。氮素化肥经日晒或遇高温后，氮的挥发损失会加快；硝酸铵遇高温会分解氧化，遇火会燃烧，已结块的切勿用铁锤重击，以防爆炸。氮素化肥储存时应避免日晒、严禁烟火，不要与柴油、煤油、柴草等物品堆放在一起。

（3）防挥发损失。碳酸氢铵极易挥发损失，储存时要密封。氮素化肥、过磷酸钙严禁与碱性物质（石灰、草木灰等）混合堆放，以防氮素化肥挥发损失和降低磷肥的肥效。

（4）防腐蚀毒害。过磷酸钙具有腐蚀性，防止与皮肤、金属器具接触。化肥不能与种子堆放在一起，也不要用化肥袋装种子，以免影响种子发芽。

4. 施用化肥常见错误

（1）磷酸二铵随水撒施。磷酸二铵随水撒施后，容易造成氮挥发损失，磷素也只停留在地表，不易送至作物根部。

（2）碳铵地表浅施，覆土不严密，导致氮肥挥发，肥料利用率低。

（3）尿素表土撒施后急于灌水，甚至用大水漫灌造成尿素损失。

（4）过磷酸钙直接拌种。过磷酸钙中含有3.5%~5%的游离酸，腐蚀性强，直接拌种很容易对种子产生腐蚀作用，降低种子发芽率和出苗率。

5. 化肥中毒的预防

由于缺乏正确使用化肥的科学知识，化肥中毒事件时有发生。农忙时做好预防化肥中毒尤为重要，应注意以下几点。

（1）化肥具有一定的腐蚀性，化肥袋外常黏附有大量化肥粉末颗粒和溶化的卤汁液体物质。搬运工运送化肥时应穿长袖衣服。

（2）化肥储存应用专仓分类，并设醒目标志。农家储肥时，化肥不得与瓜果、蔬菜及粮食等混放于一起，以防污染或误食中毒，更不宜用化肥袋盛装粮食等。具有较强挥发性的化肥应放置在阴凉通风安全处，以防有害气体外溢。

（3）注意安全使用化肥。使用化肥时，不可用汗手直接抓取；喷施粉雾或泼洒溶液要站在上风口；使用粉剂须加戴口罩及防护眼镜；在炎热烈日暴晒下不可进行施肥；施肥后要及时清洗、更衣；患有气管炎、皮肤病、眼疾及对化肥有过敏反应者不宜从事施肥操作。

（三）有机肥料的施用

1. 施用注意事项

（1）有机肥料所含养分种类多，与养分单一的化肥相比是优点，但所含养分含量低，不能满足作物高产优质的需要。

（2）有机肥料虽然营养元素含量全，在土壤中分解较慢，单一使用有机肥，很难满足农作物对各营养元素的需要。

（3）许多有机肥料带有病菌、虫卵和杂草种子，有些有机肥料含有不利于作物生长的有机化合物，所以应经过堆沤发酵、加工处理后施用。

（4）腐熟的有机肥料不宜与碱性肥料和硝态氮肥混用。

2. 施用有机肥料常见错误

（1）生粪直接施用。严禁生粪直接下地，可施用自行发酵腐熟的有机肥料，或购买工厂化加工的商品有机肥料。

（2）过量施用有机肥料的危害。过量施用有机肥料同样产生危害，导致烧苗；致使土壤中硝酸根离子积聚，作物硝酸盐超标。

（3）有机肥料种类繁多，不同原料、不同方法加工的有机肥料质量差别较大，如农民在田间地头自然堆腐的有机肥料，虽然经过较长时间的堆腐过程已杀灭了其中病菌，但由于过长时间的发酵以及雨水的淋洗，导致养分损失。另外，堆腐过程中不可避免地带入杂质，没有经过烘干过程，水分含量高，施用量大，导致劳动力投入增加。

不法厂家制造伪劣有机肥料的手段多种多样，有的往畜禽粪便中掺土、沙子、草炭等物质；有的以次充好，向草炭中加入化肥，有机质和氮、磷、钾等养分含量均很高，生产成本低，但所提供氮、磷、钾养分主要是化肥提供的，已不是有机态氮、磷、钾的特点性质；有些有机肥料厂家加工手段落后，没有严格的发酵和干燥，产品外观看不出质量差别，产品灭菌不充分，水分含量高。

（四）叶面肥的施用

1. 施用注意事项

（1）品种选择有针对性。如基肥施用充足，可以选用以微量元素为主的叶面肥。

（2）溶解性好。由于叶面肥是直接配成溶液进行喷施，所以叶面肥必须水溶性好。

（3）酸度适宜，一般要求pH值为5～8。

（4）浓度适当。具体浓度应根据作物种类确定。

（5）随配随用，不能久存。

（6）喷施时间合适。叶面肥的喷施时间最好选在晴朗无风的傍晚前后。

（7）在作物生长关键时期喷施，如小麦、水稻等禾本科作物生长后期，根系吸收能力减弱，叶面施肥可以补充营养，增加粒数和粒重。

2. 尿素叶面喷施注意事项

（1）不要在暴热的天气或下雨前喷施，以免烧苗或损失肥分。喷施时间以每天清晨或午后为宜，喷后隔7～10 d再喷1次。

（2）对禾谷类或叶面光滑的作物喷施时，要加入0.1%的黏着剂（如洗衣粉、洗洁精）等。

（3）作物种类不同，要求喷施尿素溶液的浓度也不同。一般禾谷类作物要求喷施浓度为1.5%～2%，在花期喷施时，浓度还要低；叶菜类蔬菜和黄瓜的喷施浓度为1%～1.5%；苹果、梨、葡萄等果树以0.5%为宜；番茄以0.3%为宜。

（五）微量元素肥料的施用

1. 施用方法

（1）土壤施肥。即作基肥、种肥或追肥时把微量元素肥料施入土壤。虽然肥料的利用率较低，但有一定的后效。

（2）种子处理。包括浸种和拌种两种方法。浸种时将种子浸入微量元素溶液中，种子吸收溶液而膨胀，肥料随水进入。常用的浓度是0.01%～0.1%，浸种时长12～24 h。拌种是用少量水将微量元素肥料溶解，将溶液喷洒于种子上，搅拌均匀，使种子外面沾上溶液后阴干播种，一般每千克种子用2～6 g肥料。

（3）根外追肥。即将微量元素肥料溶液用喷雾器喷施到植株叶面，通过气孔吸收运转到植株体内。常用的溶液浓度是0.01%～0.1%。

（4）蘸秧根。这是水稻的特殊施肥法，其他移栽的农作物也可以采用蘸秧根的方法施肥。

2. 蔬菜喷施注意事项

（1）浓度。微量元素肥喷施浓度适宜才能收到良好效果，浓度过高不但无益反而有害。

（2）时间。为减少微量元素肥在喷施过程中的损失，最好选择阴天或晴天的傍晚喷施，延长肥液在作物茎叶上的湿润时间，以利吸收。

（3）用量。蔬菜所需微量元素的量很小，且各种微量元素从缺乏到过量的临界范围很窄，稍有缺乏或过量就可能造成危害。

（4）次数。根据蔬菜生长发育而定，一般2~4次。

（5）混喷。微肥之间合理混合喷施，或与其他肥料或农药混喷，可起到"一喷多效"的作用，但要弄清肥料和农药的理化性质，防止发生化学反应而降低肥药效。

（六）作物种肥与肥害

1. 种肥的选择

（1）不含有害离子。氯化铵、氯化钾等化肥含有氯离子，施入土壤后，会产生水溶性氯化物，对种子发芽和幼苗生长不利。硝酸铵和硝酸钾等肥料中含有硝酸根离子，也不宜用作种肥。

（2）无腐蚀作用。碳酸氢铵具有腐蚀性和挥发性，过磷酸钙含有游离态的磷酸和碳酸，这类肥料对种子都有强烈的腐蚀作用。若用作种肥，应避免与种子接触，可将其施在播种沟之下或与种子相隔一定的土层。

（3）对种子无毒害作用。尿素在生产过程中，常产生少量的缩二脲，含量超过2%时，对种子和幼苗会产生毒害。

2. 肥害的识别

作物发生肥害的主要特征有如下几种。

（1）脱水。施肥过量，或土壤过旱，施肥后引起土壤局部浓度过高，导致作物失水并呈萎蔫状态。

（2）灼伤。烈日高温下，施用挥发性强的化肥，如碳酸氢铵，造成作物的叶片或幼嫩组织被灼伤。

（3）毒害。尿素中的"缩二脲"成分超过2%，过磷酸钙中的游离酸含量高于5%，或未经腐熟有机肥施入土壤释放的甲烷，均会引起作物的根系腐烂。

（七）提高肥料利用率

肥料利用率是指当季作物从所施肥料中吸收的养分占肥料中该种养分总量的百分数。肥料利用率可通过以下方式提高。

一是要在光照条件好的地方适当多施氮肥，促进作物的营养生长与生殖生长；在光照条件差的地方，要少施氮肥，严防作物贪青晚熟。

二是要在光照强时，深施肥料，防止光解、挥发，要多施磷、钾肥，提高水分利用率。

三是要随着作物叶面积系数的增加，适当增施叶面肥，应在10时前或者16时后喷施。

四是在多雨季节不应过量施用氮肥，一防作物疯长，二防肥料流失，三防污染水源。

五是在干旱少雨时，应适量增施磷、钾肥，增施钾肥可以提高抗旱能力，增施磷肥可以提高对水分的利用率，并能发挥以磷促氮的作用。

第二章 测土配方施肥技术

第一节 测土配方施肥概述

一、测土配方施肥定义

测土配方施肥就是在肥料使用状况调查、田间肥效试验和土壤测试化验的基础上，根据作物需肥规律、土壤供肥性能和肥料效应，在合理施用有机肥料的基础上，提出氮、磷、钾及中、微量元素肥料的施用数量、施用时期和施用方法。简单来说，就是先化验土再施肥，缺什么补什么。

二、测土配方施肥优点

测土配方施肥技术是使化肥在农业生产中的正面作用最大化、负面效应最小化的最佳途径，是现阶段科学施肥体系的核心技术。

（一）实施测土配方施肥是促进农业增产、农民增收的重要措施

自1850年至1950年的100年间，世界粮食增产的50%来源于化学肥料，而根据联合国粮食及农业组织在41个国家、18年的统计结果，化肥的增产作用占到农作物增产的60%，最高达67%。随着化肥工业的迅猛发展，化肥产量增加，如何选择，如何施用，就成了农业生产和农民生产中的一个重要问题。随着我国人口增长和社会经济发展，耕地面积进一步减少，提高粮食单产的压力越来越大，只有通过土壤养分测定，推广先进的测土配方施肥技术，才能根据作物需要合理确定施用化肥的种类和用量，培肥地力，协调土壤、肥料、作物三者的关系，充分发挥土、肥、水、种资源的生产潜力，保持持续稳定的增产增收。

（二）实施测土配方施肥是提高农产品品质、增强竞争力的重要环节

农作物养分不平衡不仅会导致多种病害的发生，而且影响农产品质量

安全。我国农产品整体质量水平不高与施肥不当有很大的关系，特别是过量偏施氮素化肥会加重病害的发生蔓延。例如蔬菜硝酸盐含量过高，果实会变酸、皮厚、色淡，稻米、植物油的质量指标降低也与施肥有关。以小麦为例，我国多数小麦蛋白质含量为9%左右，其中不乏含量超过13%的优良品种，而因栽培过程中氮肥施用不当，实际上许多地区生产的小麦蛋白质含量不足8%。

实施测土配方施肥，能协调作物营养生长与生殖生长的平衡，促进作物健壮生长，增强抗病、抗逆能力，减轻农作物病害和农药使用量，从而减少病虫害防治费用，减轻农药污染，提升和改善农产品质量。例如，适当增施钾肥，可明显提高蔬菜、水果中的糖分及维生素C的含量，抑制单施、偏施氮肥的不良效应，降低硝酸盐的含量。施用钾肥还能提高油料、糖料、纤维素类农作物的品质和产量。适量施用磷肥，能促进作物体内蔗糖、淀粉和脂肪等贮存物质的合成。适量施用硼肥、锌肥和锰肥，可以提高瓜果、蔬菜中的维生素C及糖分。而科学施用铁肥、锰肥和锌肥等可使香稻米品质得到改善。适量施用钙肥不仅能预防瓜果水心病、苦痘病、脐腐病等，还能改善作物外观品质，延长果菜的贮存保鲜时间等。

（三）实施测土配方施肥是发展循环经济建设节约型社会的重大行动

肥料是资源依赖型产品。生产氮素化肥需要消耗大量的天然气、煤、石油、电力，每生产1 t合成氨需要1 000 m³的天然气或1.5 t的原煤。磷化肥的生产需要消耗我国有限的磷矿石资源。目前，我国的钾矿资源缺乏，钾化肥70%依赖于进口。

通过测土配方施肥，不仅减少化肥施用量，更重要的是优化了我国农民肥料施用结构，通过"一增一减"（增加有机肥，减少不合理的化肥施用），不仅有利于改善农村卫生条件，减少流行性疾病的传播，提高耕地土壤肥力，而且能有效缓解我国能源供需矛盾。据测算，我国化肥利用率每提高一个百分点，就相当于增加了100万t（纯养分）的化肥产量。如果氮肥的利用率提高10%，则可以节约2.5亿m³的天然气或节约375万t的原煤，在能源和资源极其紧缺的今天，推广测土配方施肥具有非常重要的现实性意义，是构建节约型社会的具体体现。

（四）实施测土配方施肥是减少污染、培肥地力、提高农业综合生产能力的治本措施

不合理的施肥会造成肥料的大量浪费，浪费的肥料就会进入周边环境，不仅造成了大量原料和能源的浪费，也破坏了生态，污染了环境。如氮、磷的大量流失可以造成江河湖泊水体的富营养化，还能使土壤板结、酸化、土壤质量下降。只有通过测土配方施肥，使施入土壤中的化学肥料尽可能多地被植物吸收，减少在环境中的滞留，才能够使土壤理化性质明显改善，土壤保水保肥能力增强，不断提高肥料利用率。同时测土施肥还能弥补作物从土壤中带走的养分，平衡土壤养分的投入和支出，维持土壤的持续生产能力。

（五）实施测土配方施肥是降低生产成本、促进农民节本增收的重要途径

肥料在农业生产资料的投入中约占50%，我国在小麦、水稻、玉米、大豆四大作物中的直接物质成本中肥料费用约占44%。与国际比较，我国四大粮食作物生产成本总体偏高，直接影响了粮食生产的比较效益和国际竞争力。资料表明，山东全省每年因过量施肥浪费化肥42万t，价值超100亿元，尤其是保护地栽培施肥过量，纯养分量在150～300 kg，超过正常需求1～3倍，其中氮肥过量30%～100%，磷肥用量平均超过需求1倍以上。大量的实践证实，测土配方施肥比传统习惯施肥，一般节约氮肥10%～20%，各种作物的增产幅度一般在10%～20%，配方施肥每亩可增加纯收入10～15元，高的可达30元以上。

三、测土配方施肥内容（图2-1）

（一）调查取样

即取样和地块调查。土样采集一般在秋收后进行。采样深度一般为20 cm，如果作物的根系较深，可适当增加采样深度。采样以50～100亩为一个采样单元。在采样单元中，按"S"形选择5～20个样点，去掉表土覆盖物，按标准深度挖成剖面，按土层均匀取土。然后，将采得的各点土样混匀后装入布袋内，布袋要挂标签，标明采样地点、日期、采样人及分析的有关内容等。

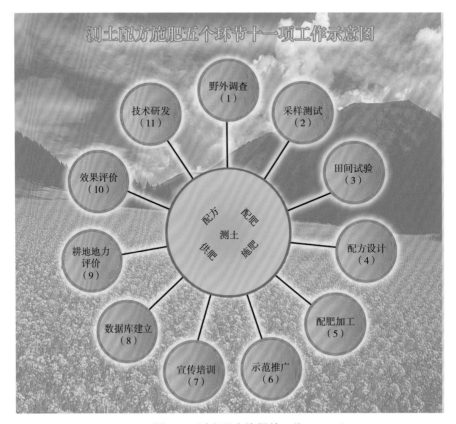

图2-1　测土配方施肥的工作

（二）采样测试

以五项基础化验为主，即水解性氮、有效磷、速效钾、有机质和pH值。土壤化验要准确、及时。化验取得的数据要装入地力档案，输入电脑，建立土壤数据库。

（三）田间试验

在当地主要作物品种上进行肥效小区试验、大田示范验证试验，建立相应的施肥技术体系。

（四）确定配方

根据农户提供的农作物种类及预期产量等指标，农业科技人员根据农作物需肥量、土壤的供肥量以及不同肥料的利用率，确定肥料配方，并将肥料配方按测试地块落实到农户，以便农户按方买肥。

（五）配肥加工

农业科技人员将确定好的配方交由肥料生产厂家或专门的配肥站进行生产。

（六）示范推广

建立测土配方施肥示范区，为农民创建窗口，树立样板，全面展示测土配方施肥技术效果，让农民亲眼看到实际效果。

（七）宣传培训

要利用宣传措施向农民传授科学施肥的方法、技术和模式，加强对各级技术人员、肥料生产企业、肥料经销商及相关人员的系统培训。

（八）数据库建立

对野外调查土样化验分析，田间肥效试验数据整理及肥效试验监测等资料数据进行收集整理、统计分析，建立规范的测土配方数据库。

（九）耕地地力评价

以县为单位，在测土配方施肥基础上综合应用多种信息技术，对耕地生产能力进行分等定级和评价。编制土壤养分分布图、耕地地力等级图、耕地利用现状图等图件，同时，编写县域耕地地力评价工作报告、技术报告以及耕地改良利用等专题报告。

（十）效果评价

农民是测土配方施肥技术的最终执行者和落实者，也是最终受益者。为了科学地评价测土配方施肥的实际效果，需要对一定区域进行动态调查，及时获得农民的反馈信息，检验测土配方施肥的实际效果，不断完善测土配方施肥管理、技术和服务体系。

（十一）技术研发

需要重点开展田间试验方法、土壤养分测试技术、肥料配制方法、数据处理方法等方面的创新研究工作，来不断地提升测土配方施肥技术水平。

（十二）科学施肥

农户按照专家建议的施肥方法、施肥时期、施肥品种、施肥数量对农作物进行施肥。用作追肥的肥料，要看天气、看地力、看作物，掌握追肥时机。

（十三）跟踪调查，调整配方

科技人员要做好田间调查，详细记载，建立档案，还要根据验证试验、反馈的信息对施肥进行调整。

四、测土配方施肥的科学配方应考虑的因素

科学施肥配方要考虑以下10个因素。

（一）作物的营养需求

科学配方要符合作物的营养需求曲线。不同作物品种有不同的营养需求曲线，要综合考虑作物种类、品种、不同生育期的需肥特征进行推荐施肥。

（二）作物的营养吸收能力、特征与调节技术

作物的吸收能力与作物品种和作物生物调节技术及土壤环境条件有关，在测土配肥中不能单纯地推算出一个数值，此外还要综合考虑植物吸收特性产生的影响。

（三）土壤的营养含量

科学测土配肥就是准确测试地块土壤的基础养分含量，根据作物目标产量所需要的养分含量，估算出作物所需养分补充量，再结合当地各种实际影响因素确定合理有效的施肥比例、施肥量和施肥方法。

（四）土壤的保肥、释肥特征

科学配方要符合土壤保肥、释肥特征。土壤保肥性是指土壤对养分的吸收（包括物理、化学和生物吸收）和保蓄能力。肥料要发挥作用，首先要求土壤对其有保存作用，然后是要有一个好的释放性能，才能保证作物的吸收量。

（五）肥料的营养含量、质量和性价比

科学配方的目的是让农户降低成本和增产增收，所以要根据具体的肥料

质量、营养含量和性价比来进行配比。

（六）肥料的流失特征

科学配方还要考虑肥料在环境、土壤中的自然流失曲线和不同肥料掺混后的化学反应流失。

（七）肥料的释放、吸收特征

不同肥料在环境、土壤中的不同释放曲线和同一作物对不同肥料的吸收效率。养分含量相同的不同肥料可以有不同的肥料释放和作物吸收曲线，从而构成了不同肥料利用率、利用方式。

（八）肥料的产品、增效技术

施加肥料增效剂能显著提高作物对养分的吸收量，并且土壤自身肥力也有所提高。在配方施肥中应充分考虑肥料增效剂的功效，施加增效剂与不施用增效剂相比，肥料利用率显著提高，可以节省相当大一部分肥料，在测土配肥过程中要根据是否加入增效剂来增减肥料用量。另外，不同的肥料生产技术和产品技术也会影响肥料利用效率，有些产品技术有明显的提高肥料利用率的特点，如生物调节技术、肥料增效技术、螯合技术、小分子（易吸收）生产技术。

（九）气候的影响因素

温度、雨量、光照等气候因素可影响作物对养分的吸收和肥料在土壤中的变化、流失及肥效发挥的快慢。温度升高能促进肥料的分解，光照强弱也直接影响光合作用，水分对养分的吸收也起着至关重要的作用。因此科学配方要考虑环境气候条件的影响。

（十）施肥方法和手段

科学配方要考虑当地的施肥方法和手段。虽肥料相同，但施肥方法、手段不同，肥料利用率也会不同。

五、土壤样品采集与检测

（一）农户如何自助采集土壤样品

测土数据是否正确、准确在很大程度上取决于取土样的情况。取土样造成的测试土壤养分的数值差可达50%以上，远高于仪器测试误差。可见，取土是保证测土准确的关键一环，下面介绍农户如何自助采集有代表性土样样品。

1. 采样单元

采样前要考虑土壤类型、肥力等级和地形等因素，划分采样单元，每个采样单元的土壤肥力要尽可能均匀一致。全市平均每个采样单元为100～200亩，具体到农户，可以将一个蔬菜棚、一块地作为一个取样单元。

2. 采样时间

应在作物收获后或播种施肥前采集，一般在秋后，设施蔬菜在晾棚期采集，果园在果品采摘后第一次施肥前采集。幼树及未挂果果园，应在清园扩穴施肥前采集。特别在进行氮肥追肥推荐时，应在追肥前或作物生长的关键时期采集。

3. 采样周期

同一采样单元，无机氮每季或每年采集1次，土壤有效磷、速效钾每2～3年采集1次，中、微量元素每3～5年采集1次。

4. 采样深度

采样深度一般为0～20 cm，果园为0～40 cm。

5. 采样点数量

每个土样由多个点取样组成，取样点越多，代表性越强，每个样品采样点的多少，取决于采样单元的大小、土壤肥力的差异性等，一般以15～20个点为宜。

6. 采样方法

每个采样点的取土深度及采样量应均匀一致，土样上层与下层的比例要相同。取样器应垂直于地面入土，深度相同。用取土铲取样，应先铲出一个耕层断面，再平行于断面下铲取土。所有样品都应采用不锈钢取土器采样。

7. 采样路线

采样时应沿着一定的线路，按照"随机""等量"和"多点混合"的原则进行采样。一般采用"S"形布点采样。在地形变化小、地力较均匀、采样单元面积较小的情况下，也可采用"梅花"形布点取样，具体采样方法示意图详见图2-2。要避开路边、田埂、沟边、肥堆等特殊部位。蔬菜地混合样点的样品采集要根据沟、垄面积的比例确定沟、垄采样点数量。果园采样要以树干为圆点向外延伸到树冠边缘的2/3处采集，每株对角采2点。一般每个土样不少于5个点。

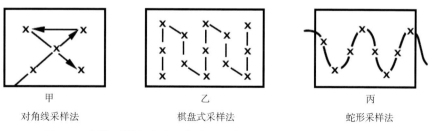

甲	乙	丙
对角线采样法	棋盘式采样法	蛇形采样法

图2-2　土壤采样方法（图中线条代表采样路线，×代表采样点）

8. 样品量

一个混合土样以取土1 kg左右为宜（用于推荐施肥的取0.5 kg，用于试验的取2 kg），如果一个混合样品的数量太大，可用四分法将多余的土壤弃去，具体操作详见图2-3。方法是将采集的土壤样品放在盘子里或塑料布上，弄碎、混匀，铺成正方形或圆形，画对角线将土样分成四份，把对角的两份分别合并成一份，保留一份，弃去一份。如果所得的样品依然很多，可再用四分法处理，直至所需数量为止。

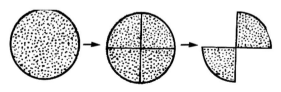

图2-3　土壤四分法示意图

9. 样品标记

采集的样品放入统一的样品袋，用铅笔写好标签，内外各一张。标签内容包括编号、采样地点、采样深度、地块位置、经纬度、农户、采样时间、采样人等。但如果有另外的调查表，可以省略其中的部分内容，但乡镇、编号等不能省略。

10. 调查内容

为做出正确的施肥决策必须对所取样的地块进行调查。主要内容有地块位置（有经纬度最好）、坡度、地下水、种植制度、产量水平、历年施肥水平、采用品种、农田设施配套情况等。如果不记录以上资料，不能进行推荐施肥，土样化验意义也就不大。

11. 晾干

样品采集后，若未能及时化验或未能送到化验室化验的样品，应及时摊开于塑料布上，在通风、干燥、避免阳光照射和不靠近肥料、农药处自然晾干。

12. 送样

当样品数量较多时，要按编号次序装箱，附上送样清单。注明要求分析化验项目、希望提交报告日期、送样单位、送样人、送样日期、通信联系方式（电话或联系地址）等信息。

13. 制样

有条件的，可以自助制备样品。将风干土壤样品压碎，过2 mm筛子。一般以500～600 g为宜。

（二）如何确定土壤检测项目

样品检测项目有容重、全氮、水解性氮、全磷、有效磷、全钾、缓效钾、速效钾、有机质、pH值、阳离子交换量、交换性钙、交换性镁、有效铁、有效锰、有效铜、有效锌、水溶性硼、有效钼、有效硅、有效硫、水溶盐总量等，植株样品有全氮、全磷、全钾等。尽管有项目支持，农民土样实行免费化验，但是受人员、仪器、场地等制约，如果要求检测的项目太多，不可避免地会出现以下问题：一是检测时间长，二是造成不必要的资源浪费，三是过多的检查没有多大意义。下面介绍一下如何确定适宜的检测项目。

测土项目应选择具有代表性且在土壤中含量比较稳定的测试项目。当前，常规的检测项目有pH值、有机质、水解性氮、有效磷、速效钾5个，分别代表土壤的酸碱度、有机质丰富程度和速效氮、磷、钾的供应程度，可根据需要增加的项目有缓效钾、有效锌、水溶性硼，基本可以满足农业生产的需要。

应该指出的是，目前的检测还只是停留在一般作物营养性诊断，有很多时候，土壤检测结果并不能真正作为农户诊断作物生长异常的依据，而应该从种植环境、病虫害、品种、气象、投入品等多方面查找原因。

（三）关于土样的检测时间

土样送到检测机构后，农户往往急切想知道检测结果，但因土壤检测需要时间较长，甚至会耽误农时，很容易导致他们对土样检测产生负面想法。鉴于以上原因，加上受条件限制，化验常规养分项目需要提前1个月左右送样，微量元素项目需要提前50 d左右送样。

（四）土壤取样时间如何确定

土壤中的营养含量和各养分之间的比例是随时间而变的动态值，不同种植作物的养分含量随着时间的变化和营养比例的变化也是相当明显的。

研究表明，7月21日至8月25日是夏玉米种植地的土壤养分变化显著期，氮素含量数值相差70%以上，而从8月25日至9月22日是土壤养分稳定期。如果测土取样时间定在8月25日以后，可以较容易推算冬小麦种植前的土壤养分状况。而西瓜的土壤养分变化主要是在瓜果膨大期，所以西瓜采收前不宜进行测土取样。

土壤中营养元素含量的变化与不同作物的营养吸收和土壤肥料流失状况有关。这就要求我们对不同的作物采取不同的测土时间，才能正确推断出土壤中营养的变化趋势和真实状况。然而，不同作物、不同土壤（土质）和不同气候条件将会有不同的土壤养分变化稳定期和土壤养分变化曲线。

六、测土配方施肥的计算方法

测土配方施肥方法归纳起来有三大类：第一类是地力分区（级）配方法；第二类是目标产量配方法，包括养分平衡法和地力差减法；第三类是田间试验法，包括肥料效应函数法、养分丰缺指标法、氮磷钾比例法。

（一）地力分区（级）配方法

地力分区（级）配方法，是利用土壤普查、耕地地力调查和当地田间试验资料，把土壤按肥力高低分成若干等级，或划出一个肥力均等的田片，作为一个配方区，再应用资料和田间试验成果，结合当地的实践经验，估算出这一配方区内，比较适宜的肥料种类及其施用量。这一方法的优点是较为简便，提出的肥料用量和措施接近当地的经验，方法简单，群众易接受。缺点是局限性较大，每种配方只能适应于生产水平差异较小的地区，而且依赖于一般经验较多，对具体田块来说针对性不强。在推广过程中必须结合试验示范，逐步扩大科学测试手段和理论指导的比重。

（二）目标产量配方法

目标产量配方法是根据作物产量的构成，由土壤本身和施肥两个方面供给养分的原理来计算肥料的用量。先确定目标产量，以及为达到这个产量所需要的养分数量，再计算作物除土壤所供给的养分外，需要补充的养分数量，最后确定施用多少肥料。包括养分平衡法和地力差减法。

（三）田间试验法

田间试验法的原理是通过简单的单一对比，或应用较复杂的正交、回归等试验设计，进行多点田间试验，从而选出最优处理，确定肥料施用量。

1. 肥料效应函数法

采用单因素、双因素或多因素的多水平回归设计进行布点试验，将不同处理得到的产量进行数理统计，求得产量与施肥量之间的肥料效应方程式。根据其函数关系式，可直观地看出不同元素肥料的增产效果，以及各种肥料配合施用的联应效果，确定施肥上限和下限，计算出经济施肥量，作为实际施肥量的依据。这一方法的优点是能客观地反映肥料等因素的单一和综合效果，施肥精确度高，符合实际情况，缺点是地区局限性强，不同土壤、气候、耕作、品种等需布置多点不同试验。

2. 养分丰缺指标法

这是田间试验法中的一种。此法利用土壤养分测定值与作物吸收养分之间存在的相关性，对不同作物通过田间试验，根据在不同土壤养分测定值下所得的产量分类，把土壤的测定值按一定的级差分等，制成养分丰缺及应该施肥量对照检索表。在实际应用中，只要测得土壤养分值，就可以从对照检索表中，按级确定肥料施用量。

3. 氮、磷、钾比例法

此法也是田间试验法的一种。原理是通过田间试验，在一定地区的土壤上，取得某一作物不同产量情况下各种养分之间的最好比例，然后通过对一种养分的定量，按各种养分之间的比例关系，来决定其他养分的肥料用量，例如，以氮定磷、定钾，以磷定氮，以钾定氮等。

一般情况下，测土配方施肥表采用的推荐施用量是纯氮、五氧化二磷、氧化钾的用量。由于各种化肥的有效含量不同，在生产过程中，农民不易准确把握用肥量。

举例说明计算过程如下：假设一块地推荐用肥量为每亩纯氮（N）8.5 kg、磷（P_2O_5）4.8 kg、钾（K_2O）6.5 kg。

单项施肥其计算方式为：（推荐施肥量÷化肥的有效含量）×100＝应施肥数量。计算查得如下结果：施入尿素（尿素含氮量一般为46%）应为（8.5÷46）×100≈18.5 kg；施入过磷酸钙（过磷酸钙中五氧化二磷的含量一般为12%～18%），按12%计算，应为（4.8÷12）×100＝40 kg；施入硫酸钾（硫酸钾中氧化钾的含量一般为50%）应为（6.5÷50）×100＝13 kg。

施用复合肥用量要先以推荐施肥量最少的肥计算，然后添加其他两种肥。例如，某种复合肥袋上标示的氮、磷、钾含量为15：15：15，那么，该地块应施这种复合肥：（4.8÷15）×100＝32 kg。由于复合肥养分比例固定，难以同时满足不同作物不同土壤对各种养分的需求，因此，需添加单质肥料加以补充，计算公式为：（推荐施肥量-已施入肥量）÷准备施入化肥的有效含量＝增补施肥数量。该地块施入了32 kg氮磷钾含量各为15%的复合肥，相当于施于土壤中纯氮32×15÷100＝4.8 kg，五氧化二磷和氧化钾也各为4.8 kg。根据推荐施肥量纯氮8.5 kg、钾（K_2O）6.5 kg的要求，还需要增施：尿素（8.5-4.8）÷46%≈8 kg，硫酸钾（6.5-4.8）÷50%＝3.4 kg。

第二节　高密市2022年各镇街区土样化验数据

一、高密市2022年各镇街区土样化验数据（表2-1）

表2-1　高密市2022年各镇街区土样化验数据

序号	样品信息	化验结果				
		pH值	有机质（g/kg）	碱解氮（mg/kg）	有效磷（mg/kg）	速效钾（mg/kg）
1	南姚	7.49	20.9	109.9	53.5	113
2	任家庄	6.99	20.5	132.3	47.8	236
3	刘家庄	5.45	21.1	127.4	50.0	181
4	单家庄	8.12	10.3	67.9	55.7	267
5	贺家庄	7.93	8.8	77.0	34.6	209

（续表）

序号	样品信息	化验结果				
		pH值	有机质（g/kg）	碱解氮（mg/kg）	有效磷（mg/kg）	速效钾（mg/kg）
6	上泊	6.41	14.5	109.9	38.9	265
7	东牟东	6.61	22.9	100.8	41.4	258
8	东牟西	6.58	22.9	97.3	65.9	172
9	东牟北	6.56	14.5	72.1	57.3	251
10	前疃	6.38	13.9	131.6	58.9	268
11	宫家屯	5.53	20.7	95.9	50.2	101
12	芝兰一	6.30	23.0	128.1	67.4	229
13	芝兰二	6.96	21.9	90.3	24.4	152
14	芝兰三	6.06	24.8	126.7	55.7	178
15	东芝兰	5.96	23.3	117.6	54.8	229
16	西芝兰	7.36	20.5	94.5	45.6	192
17	芝兰屯	8.13	15.1	58.8	10.1	121
18	东斜	6.95	20.4	105.0	45.1	255
19	西斜	6.48	21.4	97.3	51.7	251
20	单家荒	7.68	7.0	87.5	10.0	53
21	东毛	7.86	16.4	80.5	16.3	101
22	韩伍屯	8.12	12.4	54.6	17.4	108
23	太平庄	7.62	17.5	71.4	63.6	198
24	许家庄	7.32	15.0	72.8	43.3	268
25	黄家庄	6.75	11.3	60.9	43.2	158
26	纪家庄	6.57	20.0	87.5	42.7	137
27	张鲁寺	6.01	20.8	97.3	40.4	238
28	张一	6.77	22.7	79.8	52.3	257
29	张二	5.40	14.3	114.1	49.6	229
30	张三	7.17	23.9	86.8	43.5	227
31	张四	5.26	11.5	74.9	49.0	83
32	乔家屯	7.05	21.5	106.4	53.0	266

（续表）

序号	样品信息	化验结果				
		pH值	有机质（g/kg）	碱解氮（mg/kg）	有效磷（mg/kg）	速效钾（mg/kg）
33	代家屯	6.33	22.7	125.3	41.1	256
34	东于	6.79	23.7	95.9	74.9	257
35	西于	6.98	22.5	118.7	69.5	266
36	沟东	7.61	19.2	73.5	52.3	231
37	沟西	7.55	22.8	104.3	43.4	208
38	河北	8.04	12.6	62.3	19.4	171
39	后庄	5.94	13.8	47.6	52.1	255
40	小洼	6.89	15.0	134.4	48.0	188
41	于疃	7.11	20.9	67.9	38.7	159
42	匡家庄	7.07	23.0	86.1	62.6	167
43	冯家庄	6.32	13.2	72.8	66.9	173
44	李家疃	8.11	8.6	31.5	12.6	108
45	柳沟崖	5.63	20.0	96.6	44.1	109
46	单家官庄	7.40	19.6	85.4	30.8	238
47	小王庄	6.16	13.1	59.5	40.1	102
48	吴家庄	6.68	15.5	56.7	38.1	109
49	大南曲	6.58	17.5	104.3	53.3	207
50	大王庄	7.61	23.1	89.6	31.0	233
51	辛庄	7.83	8.5	48.3	12.2	65
52	韩伍屯	8.20	11.2	48.3	16.1	78
53	拒城河	6.34	16.7	76.3	30.5	82
54	大刘家庄	6.00	18.4	77.0	44.2	167
55	小刘家庄	7.38	13.5	57.4	12.9	81
56	方家村	7.51	11.1	70.0	24.0	192
57	潘家村	5.62	22.6	121.1	55.3	293
58	前窝洛	5.36	20.5	103.6	44.1	251
59	后窝洛	5.74	17.4	102.9	40.3	248

（续表）

序号	样品信息	化验结果				
		pH值	有机质（g/kg）	碱解氮（mg/kg）	有效磷（mg/kg）	速效钾（mg/kg）
60	梁家屯	6.55	22.9	97.3	32.3	261
61	荆家屯	6.38	20.9	127.5	22.1	151
62	闫家村	7.60	13.8	66.5	33.3	61
63	大仪家村	6.89	18.0	80.5	46.1	166
64	荆家村	6.46	18.8	81.9	57.8	111
65	东葛家桥	7.12	16.4	78.4	44.6	256
66	西葛家桥	7.88	14.9	46.9	21.8	91
67	西施家屯	7.80	23.2	154.1	63.8	258
68	王家屯	7.94	13.0	56.0	19.0	98
69	东锅框	5.62	19.8	94.5	47.5	217
70	西锅框	5.73	14.1	102.2	78.8	253
71	道乡	6.49	8.2	91.0	22.6	166
72	泊子	7.44	24.8	138.5	28.8	272
73	东双庙	6.12	16.9	108.5	25.8	151
74	东迟家村	7.38	23.9	139.3	74.9	198
75	西迟家村	7.61	16.3	72.1	14.3	119
76	潘家小庄	7.78	14.8	75.6	12.5	102
77	辛庄	6.50	14.8	135.1	42.4	266
78	魏家小庄	5.71	19.4	103.6	45.1	182
79	刘家屯	7.02	7.0	26.6	14.1	64
80	矮沟	7.04	14.4	121.8	58.7	202
81	刘家官庄	5.80	24.8	127.4	73.5	261
82	大店子	5.86	21.0	100.8	42.4	259
83	小店子	6.66	17.4	76.3	16.0	163
84	张家大村	7.09	9.9	31.5	25.5	65
85	毕家村	7.15	16.2	67.9	15.6	121
86	东施家屯	6.95	22.9	121.1	47.8	183
87	北王柱	7.46	21.0	60.9	20.0	214

（续表）

序号	样品信息	化验结果				
		pH值	有机质（g/kg）	碱解氮（mg/kg）	有效磷（mg/kg）	速效钾（mg/kg）
88	大高家庄	7.55	16.4	108.5	68.8	181
89	索家村	6.97	15.3	77.0	32.6	183
90	后鸾庄	6.94	9.8	39.9	11.2	61
91	温家村	6.95	23.7	96.6	71.0	213
92	管家村	6.55	14.0	51.8	38.1	262
93	西隅	7.22	16.5	52.5	29.6	117
94	王新庄	7.24	17.0	71.4	72.1	235
95	西双庙	7.21	19.2	74.9	55.0	198
96	姜家屯	5.80	20.0	71.4	47.4	102
97	周家屯	7.40	23.1	98.0	58.2	253
98	周阳二村	7.53	22.4	86.8	60.3	172
99	周阳三村	6.81	19.1	67.9	25.4	164
100	周阳四村	7.49	23.4	88.9	21.4	262
101	律家村	7.85	18.7	62.5	18.3	140
102	西周阳	7.43	24.3	82.4	59.5	231
103	徐家立	6.30	22.4	85.8	43.5	252
104	新民庄	7.67	22.2	86.3	16.1	153
105	苗家屯	7.94	24.9	87.2	29.1	162
106	杨戈庄	6.93	15.4	67.6	48.6	106
107	蒳戈庄	7.35	23.9	114.5	52.0	220
108	大尹村	5.78	22.5	102.3	63.0	209
109	小尹村	6.13	22.1	85.6	48.5	134
110	枣行	7.83	19.6	92.1	57.2	146
111	瑞丰	8.16	22.1	85.5	24.5	180
112	尧头	7.81	20.0	72.3	56.2	241
113	永安	8.16	23.0	90.0	18.1	274
114	老木田	8.06	23.3	86.7	30.5	251
115	万家村	8.13	22.5	85.2	57.8	172

（续表）

序号	样品信息	化验结果				
		pH值	有机质（g/kg）	碱解氮（mg/kg）	有效磷（mg/kg）	速效钾（mg/kg）
116	翻身庄	8.31	17.9	52.9	36.7	169
117	爱国村	7.71	23.5	65.4	49.7	217
118	晾甲埠	8.17	21.5	77.5	12.1	159
119	大屯	8.15	22.4	77.9	57.2	231
120	小屯	8.27	19.1	82.3	12.8	228
121	柳树屋	7.81	22.3	116.9	14.9	201
122	南小庄	6.95	23.9	147.0	59.5	242
123	崔家村	7.54	22.8	111.3	44.9	255
124	八元庄	7.62	15.0	49.0	13.0	145
125	曹家村	7.64	15.6	52.5	12.9	168
126	三官庙	7.44	22.2	133.7	13.9	185
127	倪家庵	7.40	23.1	95.9	24.4	196
128	刘新村	7.76	23.5	66.5	10.9	261
129	康一村	7.56	15.2	80.5	11.8	156
130	康二村	7.77	11.6	56.0	17.9	251
131	康三村	7.48	21.6	128.1	40.7	231
132	康四村	7.37	20.2	81.9	55.4	251
133	前毛村	7.54	17.3	70.7	9.6	113
134	后毛村	7.34	23.3	113.4	36.9	251
135	永丰村	7.29	23.3	94.5	23.1	251
136	辛店	7.25	22.7	108.5	26.2	272
137	高家庄	7.44	23.4	81.2	55.5	241
138	雷家庄	6.95	23.9	128.8	54.7	221
139	殷家楼	7.37	17.6	65.8	24.7	175
140	鲍家庄	7.25	24.5	98.0	36.9	237
141	张家小庄	7.68	23.5	89.6	57.9	153
142	付沈屯	7.11	22.7	128.8	75.5	237
143	东尤村	6.91	18.4	146.3	66.5	251

（续表）

序号	样品信息	化验结果				
		pH值	有机质（g/kg）	碱解氮（mg/kg）	有效磷（mg/kg）	速效钾（mg/kg）
144	西尤村	6.97	16.3	74.9	56.9	247
145	钟家屯	7.38	23.4	93.1	28.9	265
146	葛家集	6.92	23.0	140.1	63.1	202
147	于家庄	7.37	22.2	61.6	13.1	203
148	关爷庙	7.52	21.2	69.3	15.9	186
149	田家庄	7.34	23.4	80.5	9.3	157
150	周家庄	7.61	8.3	45.5	8.0	106
151	李村	7.58	21.9	90.3	62.9	256
152	绳家庄	7.61	23.3	97.3	37.1	272
153	王村	7.46	22.2	118.3	52.8	257
154	沂东村	7.81	16.0	62.3	16.5	237
155	沂西村	7.33	19.4	128.8	15.9	265
156	南屯村	7.41	17.1	120.4	49.0	233
157	北屯村	7.61	19.7	73.5	29.1	268
158	窦富台子	7.49	23.6	102.9	67.0	167
159	阎家庄	7.60	17.7	62.3	8.4	245
160	徐家庄	7.58	21.6	91.7	13.9	256
161	丰家庄	7.46	21.6	71.4	11.9	181
162	马家庄	7.56	19.3	65.1	17.7	254
163	蔡站	7.62	21.8	77.0	20.6	245
164	土辛庄	7.64	19.7	76.3	22.3	227
165	张新庄	7.57	24.4	98.0	34.7	273
166	陈家庄	7.49	23.9	120.4	55.2	247
167	杨家庄	7.40	23.0	94.5	19.9	273
168	赫家庄	7.42	21.4	93.8	32.7	265
169	蔡家庄	7.48	22.6	53.2	37.0	243
170	韩家庄	7.68	22.3	73.5	23.4	201
171	红埠	8.34	18.6	78.6	6.7	183

（续表）

序号	样品信息	化验结果				
		pH值	有机质（g/kg）	碱解氮（mg/kg）	有效磷（mg/kg）	速效钾（mg/kg）
172	郑家庄	8.31	7.5	54.2	4.9	113
173	薛家庄	8.42	23.2	67.3	60.3	220
174	西李	8.32	18.4	75.9	17.6	208
175	姚家庄	8.21	22.6	85.6	34.2	236
176	双头	8.37	20.4	88.2	13.2	286
177	休息园	5.68	16.3	65.5	57.3	262
178	休息园	6.49	14.3	57.4	49.6	259
179	休息园	5.87	17.0	59.8	52.9	266
180	大吕	6.79	9.6	50.2	51.6	73
181	大吕	5.91	11.5	65.8	75.5	176
182	大吕	5.42	15.8	72.1	79.9	98
183	李茂庄	5.81	14.7	78.2	60.6	252
184	李茂庄	5.76	13.4	65.5	65.4	240
185	李茂庄	6.35	12.1	57.0	60.7	217
186	李茂庄	6.57	13.2	68.3	53.7	225
187	柳林	6.57	16.8	77.2	56.4	186
188	柳林	6.95	18.7	75.4	41.4	163
189	柳林	5.93	24.9	85.1	66.4	247
190	柳林	5.81	12.1	62.5	7.5	53
191	石庙子	6.95	14.5	66.3	36.1	87
192	石庙子	7.39	23.1	82.5	29.2	145
193	升恒庄	7.65	14.9	72.5	20.0	118
194	升恒庄	6.96	23.9	92.3	55.4	254
195	于家屯	7.65	24.6	101.2	59.8	233
196	于家屯	7.11	24.9	107.8	62.7	198
197	于家屯	7.09	22.2	95.6	29.6	98
198	店子	7.70	16.0	83.1	41.8	220
199	店子	5.66	17.3	88.2	62.8	287

（续表）

序号	样品信息	化验结果				
		pH值	有机质（g/kg）	碱解氮（mg/kg）	有效磷（mg/kg）	速效钾（mg/kg）
200	胶河明珠生态园	7.15	23.5	92.5	63.6	188
201	胶河明珠生态园	7.37	24.7	96.8	75.1	179
202	宋家泊子	6.89	15.1	77.6	86.4	163
203	宋家泊子	7.26	18.3	75.4	39.1	128
204	栾家泊子	7.34	15.5	67.8	73.9	233
205	郭家南直	7.18	13.2	65.2	63.9	71
206	王家南直	5.54	16.6	66.9	67.3	235
207	郭家泊子	5.72	18.5	71.3	73.8	150
208	郭家泊子	6.45	21.2	95.8	87.1	231
209	陈家泊子	6.92	16.9	85.2	52.6	216
210	杜家店	6.67	17.8	88.5	89.2	177
211	赵家庄	7.12	14.2	72.5	72.1	265
212	茂旱屯	7.36	23.3	85.3	53.4	273
213	茂旱屯	6.59	24.1	88.6	68.5	235
214	孟家屯	6.79	23.2	85.4	50.7	283
215	孟家屯	6.75	22.9	96.8	44.5	251
216	魏家屯	6.50	17.2	72.1	71.2	267
217	益民	5.71	12.0	63.0	77.3	134
218	东李家村	6.80	21.9	73.5	65.7	192
219	五龙庄	6.12	16.0	62.7	58.4	148
220	西李家村	6.71	7.7	54.2	42.7	193
221	仪家村	7.49	16.2	65.2	61.5	124
222	高家店	7.52	17.3	85.3	59.5	105
223	河西	7.57	11.2	70.2	62.4	112
224	河西	7.71	10.4	66.5	46.8	152
225	李家官庄	7.81	15.0	65.7	47.0	69
226	张四	7.99	12.8	69.8	56.1	129
227	张一	7.93	20.2	92.5	63.7	236

（续表）

序号	样品信息	化验结果				
		pH值	有机质（g/kg）	碱解氮（mg/kg）	有效磷（mg/kg）	速效钾（mg/kg）
228	栾家官庄	7.92	19.8	99.8	51.4	114
229	栾家官庄	8.34	11.9	76.4	57.5	101
230	崔家庄	8.02	16.6	85.9	59.2	117
231	崔家庄	7.74	19.2	114.9	12.5	153
232	前屯	8.15	22.6	95.9	23.3	188
233	孙家长村	7.80	15.5	87.5	42.9	237
234	孙家长村	7.05	23.2	160.9	74.4	226
235	伊家长村	7.85	22.0	53.2	7.0	175
236	伊家长村	7.28	24.8	112.0	69.4	253
237	东范家庄	7.35	22.3	108.5	44.1	285
238	东范家庄	8.27	16.4	72.1	39.4	155
239	卞家屯	8.41	21.5	67.2	11.7	231
240	邓家屯	7.67	20.0	87.5	23.5	130
241	王干坝东	8.23	19.5	83.3	36.0	282
242	傅家口子	7.50	17.1	68.6	47.8	178
243	傅家口子	8.59	22.5	72.1	26.5	148
244	姜二	8.18	24.5	184.1	77.3	251
245	王干坝西	8.26	19.0	61.6	21.0	166
246	李仙庄村	8.05	23.8	109.9	54.7	281
247	李仙庄村	7.33	23.0	111.3	43.1	252
248	李仙庄村	6.75	13.5	87.5	75.5	270
249	李仙庄村	6.95	24.6	121.1	62.6	261
250	东王家城子	6.69	13.4	61.6	56.2	272
251	东王家城子	6.18	13.5	87.5	79.6	241
252	姜三	8.10	23.3	87.5	34.0	258
253	张长	8.61	23.2	81.9	10.8	237
254	张长	8.45	22.7	100.1	24.3	239
255	隋屯	8.46	24.5	88.9	30.3	241

（续表）

序号	样品信息	化验结果				
		pH值	有机质（g/kg）	碱解氮（mg/kg）	有效磷（mg/kg）	速效钾（mg/kg）
256	隋屯	8.42	24.5	91.0	30.9	137
257	艾山屯	8.47	17.0	57.4	9.2	158
258	岳屯	8.29	21.2	73.5	40.0	241
259	东老屯	8.51	19.3	57.4	7.0	115
260	东老屯	8.38	19.2	73.5	6.6	227
261	东老屯	7.67	23.2	145.0	67.8	261
262	后老屯	6.66	22.4	130.9	78.5	283
263	后老屯	7.60	17.2	113.9	44.4	236
264	后老屯	8.35	24.1	86.1	25.7	231
265	苘湾崖	8.28	22.5	120.4	61.2	227
266	刘口	8.21	13.9	62.3	14.3	134
267	刘口	8.07	21.6	95.9	62.0	263
268	潘家	7.66	16.2	70.7	39.8	207
269	潘家	8.12	14.5	65.8	13.9	135
270	姜一	8.15	23.4	95.2	20.4	234
271	姜五綦庄	8.03	23.5	147.0	78.5	253
272	姜五綦庄	8.34	20.2	65.1	7.7	125
273	东李	8.22	19.5	91.0	31.9	251
274	赵圈	7.29	23.3	139.3	78.0	259
275	吴屯	8.06	21.0	122.5	76.9	235
276	周庄	8.10	18.7	83.3	13.9	157
277	棉屯	8.17	22.2	131.7	19.7	228
278	北高	7.95	22.1	107.1	28.2	219
279	甄屯	7.99	23.0	104.3	76.5	227
280	方庄	7.86	24.6	157.1	48.7	281
281	姜四	8.17	24.8	91.7	7.3	151
282	李长	8.06	24.7	98.7	37.7	188
283	聂西	8.48	21.5	86.1	30.2	193

（续表）

序号	样品信息	化验结果				
		pH值	有机质（g/kg）	碱解氮（mg/kg）	有效磷（mg/kg）	速效钾（mg/kg）
284	聂西	8.18	19.9	95.9	24.8	235
285	聂东	8.45	19.0	69.3	11.4	227
286	聂东	6.49	14.2	130.3	55.7	259
287	南高	7.68	20.1	111.3	73.9	281
288	西栾城	7.23	24.0	87.5	39.8	172
289	西栾城	8.00	9.8	66.5	63.6	151
290	西栾城	7.35	13.9	104.3	69.1	283
291	彭城	7.45	15.9	87.2	75.4	259
292	前于	7.53	24.8	93.5	42.4	238
293	后于	7.75	23.4	99.7	60.4	244
294	后于	8.22	19.5	85.6	55.8	221
295	王寺	7.97	20.5	101.2	20.9	228
296	后屯	8.31	14.4	75.6	14.5	107
297	后屯	7.95	24.8	105.2	41.4	275
298	董庄	7.96	15.0	85.6	6.8	115
299	东牟家	8.16	16.6	88.4	18.0	236
300	东牟家	8.11	19.2	89.1	25.1	247
301	郇李家	7.97	19.6	82.5	21.7	240
302	郇李家	7.94	17.3	80.6	48.7	245
303	南集	7.90	20.3	95.6	81.0	248
304	南集	7.92	15.2	83.2	17.3	232
305	周戈庄	8.12	10.0	75.4	19.2	168
306	周戈庄	8.03	8.5	66.3	14.5	173
307	张肖	8.01	11.0	68.9	9.0	269
308	张肖	7.94	12.8	72.1	10.0	275
309	沟头	8.08	8.5	63.5	9.1	72
310	沟头	8.00	10.8	74.2	9.3	71
311	西刘庄	8.42	18.4	86.2	77.2	243

（续表）

序号	样品信息	化验结果				
		pH值	有机质（g/kg）	碱解氮（mg/kg）	有效磷（mg/kg）	速效钾（mg/kg）
312	西刘庄	8.23	20.8	97.8	68.3	216
313	胶东村	8.13	15.0	75.2	48.6	227
314	胶东村	8.36	15.9	77.6	31.0	223
315	黑王家	8.30	22.6	102.5	25.7	214
316	黑王家	8.36	18.8	84.3	21.0	221
317	小辛家	8.33	14.3	72.5	10.8	151
318	小辛家	8.34	20.0	88.2	41.4	251
319	大孙家	7.85	21.0	96.5	68.0	174
320	大孙家	8.18	24.1	121.5	59.9	244
321	大迟家	8.09	24.6	130.1	51.0	252
322	大迟家	8.27	19.4	95.6	51.4	246
323	秦家	8.29	17.5	82.3	24.0	275
324	秦家	7.86	17.2	80.4	75.9	212
325	南斜沟	8.33	15.5	77.6	10.5	166
326	南斜沟	8.38	15.4	75.2	10.7	168
327	张庙子	8.04	22.5	93.6	66.0	219
328	张庙子	7.96	20.7	103.5	63.7	287
329	秦庄子	8.30	21.5	112.7	70.7	234
330	秦庄子	8.38	20.0	121.5	76.9	263
331	王庄子	8.29	16.8	86.4	13.1	240
332	王庄子	8.22	19.8	92.6	11.4	210
333	曹家	8.07	16.4	77.5	22.7	289
334	曹家	8.14	17.6	82.3	24.7	265
335	八寨	7.96	16.8	76.6	41.7	151
336	八寨	7.87	15.4	72.5	39.5	162
337	大泊子	8.09	23.4	96.8	45.9	220
338	大泊子	8.22	22.6	122.3	44.4	232
339	史庄子	8.21	15.8	85.2	34.3	273

（续表）

序号	样品信息	化验结果				
		pH值	有机质 （g/kg）	碱解氮 （mg/kg）	有效磷 （mg/kg）	速效钾 （mg/kg）
340	史庄子	8.15	16.6	96.7	30.3	271
341	小牟家	8.38	23.4	123.5	59.1	223
342	小牟家	8.30	23.7	127.4	61.2	224
343	李党家	8.40	11.5	85.3	10.6	86
344	李党家	8.34	14.6	75.6	12.9	148
345	展家	8.30	19.9	95.8	23.3	241
346	展家	8.23	14.4	88.6	83.4	158
347	前薛	8.33	19.0	92.1	16.5	251
348	前薛	8.47	16.6	87.9	14.2	216
349	王官庄	8.34	21.4	95.6	36.3	283
350	王官庄	8.48	23.2	117.5	27.1	265
351	西牟家	8.42	18.2	85.2	25.8	256
352	米家庄	8.49	23.1	93.6	32.6	187
353	蔡家	8.44	19.0	74.2	29.3	246
354	北杨家庄	8.42	14.1	65.3	27.5	171
355	后薛	8.47	19.4	66.9	31.2	205
356	陈皮家	8.47	17.1	72.1	28.5	163
357	马龙屯	8.28	22.8	98.5	30.4	261
358	张户庄	8.31	19.7	62.3	25.6	251
359	和平村	8.40	19.8	66.9	26.8	266
360	和睦屯	8.45	13.4	51.2	26.5	264
361	赵家庄	8.35	9.4	45.5	15.2	243
362	张家庄	8.23	15.9	62.3	23.1	253
363	东村	8.18	10.3	57.8	12.4	274
364	槐家	7.30	11.1	59.5	28.3	255
365	芦庄子	8.09	6.9	45.3	11.2	153
366	中泊子	8.22	21.5	85.9	26.5	275
367	西泊子	8.48	10.9	75.6	21.8	289

（续表）

序号	样品信息	化验结果				
		pH值	有机质（g/kg）	碱解氮（mg/kg）	有效磷（mg/kg）	速效钾（mg/kg）
368	双山	8.02	14.1	71.2	23.6	173
369	王戈庄	8.05	13.5	73.5	22.7	207
370	周家庄	8.34	10.2	70.6	20.4	259
371	潘家庄	8.42	11.6	56.8	27.6	257
372	毛李	8.09	14.9	59.8	20.2	244
373	毛家	8.31	15.6	64.0	32.3	271
374	孙屋	8.34	23.6	84.4	44.2	255
375	刘屋	8.40	9.4	47.1	18.0	249
376	安庄	8.34	10.5	49.2	11.4	245
377	李庄	8.37	16.7	64.0	20.1	267
378	谭庄	8.24	11.1	49.8	21.8	257
379	大辛家	8.37	12.6	51.9	14.0	251
380	小迟家	8.47	9.0	43.9	13.1	150
381	小杜家	8.43	14.6	59.3	23.7	253
382	大杜家	7.47	17.3	56.8	35.9	203
383	小刘家	7.85	11.9	40.9	21.1	147
384	西沟头	7.72	16.3	71.5	39.5	217
385	祁家	7.70	10.6	46.0	26.7	193
386	张家	7.59	14.8	50.0	36.4	164
387	陆家	8.26	10.9	56.0	25.6	217
388	和顺屯	8.36	7.3	36.0	11.2	148
389	永丰屯	8.20	21.4	99.9	35.8	261
390	礼让屯	8.40	12.3	62.5	21.5	190
391	北斜沟	8.38	20.2	105.2	24.7	271
392	黄庙子	8.31	6.9	59.3	10.3	113
393	坊岭	8.44	14.0	76.1	10.3	178
394	朱家庄	8.25	14.9	77.5	10.5	236
395	车辋	8.24	13.8	68.3	25.1	221

（续表）

序号	样品信息	化验结果				
		pH值	有机质 （g/kg）	碱解氮 （mg/kg）	有效磷 （mg/kg）	速效钾 （mg/kg）
396	官厅	8.26	15.3	66.7	14.8	251
397	岗庄	8.48	16.8	72.8	17.6	282
398	徐屯	8.30	14.7	67.3	17.9	257
399	王屋子	8.46	12.0	62.0	10.2	261
400	曲屋子	8.29	12.5	64.3	44.5	275
401	岳屋子	8.31	18.1	74.8	20.1	266
402	徐家庄	8.34	15.1	64.2	24.7	268
403	新河	8.30	16.7	64.8	24.0	259
404	长丰	8.27	15.4	69.1	25.8	177
405	小张家	8.35	14.2	61.9	23.0	230
406	周家	8.28	14.1	76.2	15.8	283
407	姜庄子	8.33	16.6	61.9	18.0	201
408	魏家坊	8.39	18.7	69.1	20.9	249
409	付合村	8.45	10.6	56.9	16.3	148
410	官庄	8.42	16.9	58.4	21.9	230
411	六寨	8.30	12.1	69.8	27.7	176
412	荆家	8.15	19.8	96.2	22.9	280
413	李家	8.33	16.2	74.8	19.7	190
414	阚东	8.26	12.7	63.3	25.8	122
415	阚西	8.16	22.0	89.0	30.6	121
416	张家村	8.21	21.0	100.5	30.1	120
417	李营	8.30	20.9	111.7	38.1	172
418	兴仁	8.36	11.9	61.9	14.1	83
419	狄家屯	8.24	23.7	80.6	35.9	234
420	袁家村	8.36	16.3	60.6	23.8	108
421	尚义	8.05	23.5	87.7	34.4	289
422	胡家村	8.43	22.2	108.3	27.3	211
423	吴家营	8.27	16.0	77.5	30.2	277

（续表）

序号	样品信息	化验结果				
		pH值	有机质（g/kg）	碱解氮（mg/kg）	有效磷（mg/kg）	速效钾（mg/kg）
424	东杨	8.23	22.8	101.8	38.7	276
425	下坡	8.16	22.4	99.1	35.8	272
426	王柳	8.05	23.3	119.1	35.6	211
427	守信	8.04	10.8	60.5	23.3	208
428	刘家街	7.49	23.9	93.4	33.3	256
429	唐家街	7.53	22.4	114.8	42.4	158
430	付家庄	8.21	21.3	107.7	34.5	265
431	东方戈庄	8.34	24.9	110.5	38.0	264
432	西方戈庄	6.28	23.3	123.4	27.5	224
433	谭一	7.59	22.5	106.2	31.9	253
434	谭二	8.06	20.0	110.5	26.2	209
435	朱家屯	7.86	22.8	94.8	35.7	270
436	举人庄	8.47	23.1	77.7	39.5	271
437	河北头	8.41	19.2	87.6	27.0	284
438	三教堂	8.44	13.8	78.4	29.0	190
439	尹家宅	8.40	11.2	63.2	19.1	152
440	新民	8.19	18.9	96.8	33.8	235
441	兴隆	8.27	23.7	103.5	35.3	288
442	松兴屯	7.48	23.2	112.7	42.7	161
443	前泊子	7.68	22.4	98.6	53.1	225
444	后泊子	8.28	20.4	94.3	36.8	276
445	后姜	8.06	22.9	96.2	25.2	252
446	西姜	7.98	23.2	93.5	50.2	229
447	东姜	7.13	23.3	114.6	31.8	255
448	红庙子	8.43	20.1	85.7	46.3	161
449	于村	8.17	23.4	96.0	57.2	243
450	田家庄	8.33	23.4	124.3	55.0	266
451	殷家屋子	8.21	21.1	85.6	47.2	155

（续表）

序号	样品信息	化验结果				
		pH值	有机质（g/kg）	碱解氮（mg/kg）	有效磷（mg/kg）	速效钾（mg/kg）
452	初家庄	8.16	23.7	92.6	32.5	277
453	南杨家庄	8.09	23.3	85.7	35.3	147
454	小张家庄	8.21	23.5	112.6	41.2	274
455	冯家屋子	8.34	18.4	75.2	38.6	168
456	卢家庄	8.30	21.5	84.2	42.7	228
457	韩家庄	8.30	23.1	95.3	46.8	144
458	辂家桥	8.38	23.4	96.4	48.9	267
459	东桥子	8.35	11.4	56.3	36.3	120
460	西桥子	8.25	22.5	85.0	52.1	258
461	中杨家庄	8.13	22.8	82.4	53.7	206
462	坊一	8.24	23.8	76.3	42.1	278
463	官亭	8.28	23.5	99.8	36.3	251
464	张家屋子	8.39	22.6	102.4	32.4	254
465	高家楼	8.18	23.1	110.8	45.8	265
466	双羊村	8.26	16.7	85.1	32.9	110
467	东于	5.58	16.7	82.3	29.8	207
468	西于	6.01	23.6	96.5	42.6	208
469	吉林庄	6.20	14.8	72.4	38.4	91
470	东李	5.96	24.1	96.8	49.6	268
471	后秋	7.60	12.4	65.2	29.4	93
472	中秋	7.44	23.8	82.6	48.2	259
473	西秋	7.98	22.2	80.1	47.1	253
474	东秋	7.90	16.5	75.2	35.6	125
475	姚家山甫	6.21	21.9	83.5	36.9	196
476	克兰	6.65	18.9	67.9	29.7	250
477	刘家疃	7.78	23.9	92.8	35.7	252
478	西埠	6.92	12.4	55.4	29.8	124
479	赵家庄	6.01	22.7	67.3	51.4	126

（续表）

序号	样品信息	化验结果				
		pH值	有机质（g/kg）	碱解氮（mg/kg）	有效磷（mg/kg）	速效钾（mg/kg）
480	庄家村	7.88	22.5	89.2	46.0	243
481	前屯	8.03	23.2	81.9	62.1	223
482	后屯	6.90	24.2	80.5	56.8	251
483	后塔	8.00	21.5	74.8	52.5	264
484	前塔	7.21	24.3	78.4	49.6	262
485	孙家营	7.63	17.0	67.7	35.2	123
486	高一	6.65	20.7	74.8	37.6	210
487	高二	6.03	18.5	96.2	40.2	108
488	高三	5.66	24.7	64.1	45.2	189
489	盛水屯	5.32	23.0	110.3	35.5	231
490	杨名屯	7.33	23.5	90.5	49.6	294
491	吕家山东	7.50	12.3	71.9	39.3	188
492	于家山东	7.67	24.3	108.3	45.4	259
493	李家山东	8.32	20.2	76.2	37.4	253
494	远家屯	7.46	20.5	70.5	42.9	115
495	于家营	6.87	23.3	69.1	31.6	244
496	井沟村	6.24	22.5	78.4	42.1	251
497	井沟村	6.43	21.5	85.5	54.3	200
498	前院头	7.18	17.6	67.7	47.1	171
499	前院头	7.49	24.4	99.1	36.8	252
500	后院头	5.40	23.7	92.6	61.3	192
501	后院头	5.71	22.8	87.7	62.4	271
502	河北	7.13	18.8	61.9	54.9	181
503	河北	7.32	24.3	106.0	67.7	255
504	金宝山	5.85	19.9	98.3	54.3	128
505	金宝山	5.29	14.2	71.9	49.3	100
506	东疃	5.91	22.4	111.8	35.2	213
507	东疃	6.44	19.5	71.9	48.2	242

（续表）

序号	样品信息	化验结果				
		pH值	有机质（g/kg）	碱解氮（mg/kg）	有效磷（mg/kg）	速效钾（mg/kg）
508	西傅家庄	7.23	16.4	83.4	65.7	201
509	西傅家庄	6.30	19.1	89.1	39.6	202
510	徐家庄	6.16	24.8	95.5	26.6	260
511	徐家庄	5.54	19.1	69.1	41.0	111
512	大柴	5.26	18.3	74.7	48.5	292
513	大柴	7.25	17.7	74.6	35.7	203
514	前宋	5.58	22.3	84.8	47.4	270
515	前宋	7.26	17.9	103.3	36.8	251
516	后宋	7.45	21.0	89.1	30.4	161
517	后宋	7.15	15.5	81.9	55.2	158
518	鲁家店子	6.65	21.0	84.0	41.6	163
519	鲁家店子	7.83	23.4	109.1	42.7	161
520	邹戈庄	6.04	16.1	79.0	51.6	194
521	邹戈庄	6.86	20.7	89.9	59.9	157
522	薛家老庄	7.84	23.6	93.4	46.6	215
523	薛家老庄	5.24	22.2	96.2	45.7	108
524	尹家庄	6.86	23.0	89.1	58.5	223
525	尹家庄	7.02	21.2	74.9	50.7	255
526	吴家庄	7.81	18.9	67.6	40.2	235
527	吴家庄	7.93	13.4	58.4	28.5	255
528	林家庙子	7.87	22.3	77.0	58.2	240
529	林家庙子	7.97	19.3	60.6	29.3	185
530	泉儿头	7.99	21.9	86.1	40.2	137
531	泉儿头	7.87	23.2	96.2	56.3	236
532	小柴	7.89	22.1	89.2	51.8	241
533	小柴	7.96	23.6	90.6	59.6	271
534	尚家庄	7.99	14.1	55.5	29.1	237
535	尚家庄	7.33	22.9	71.3	54.9	257

（续表）

序号	样品信息	化验结果				
		pH值	有机质（g/kg）	碱解氮（mg/kg）	有效磷（mg/kg）	速效钾（mg/kg）
536	东郇	6.80	22.8	84.5	59.9	277
537	东郇	7.47	16.6	71.6	38.5	266
538	孙家庄	7.73	16.9	76.9	40.2	120
539	孙家庄	7.15	17.6	60.6	39.3	207
540	张家墩	6.85	21.4	85.5	46.3	204
541	张家墩	7.48	24.6	86.3	49.6	266
542	后下口	7.77	20.3	81.9	47.9	224
543	后下口	7.97	23.0	96.9	59.9	246
544	孙家官庄	8.23	12.2	69.2	31.8	265
545	孙家官庄	7.10	22.2	74.0	45.7	290
546	闫家沙坞	7.86	11.5	57.6	22.9	109
547	闫家沙坞	8.12	18.1	89.1	45.7	281
548	草泊	7.65	23.3	94.1	52.1	295
549	草泊	7.85	23.9	106.9	61.6	161
550	后邱	7.71	15.9	74.8	32.4	129
551	后邱	6.91	16.8	89.1	33.2	110
552	东杨家屯	7.24	20.4	93.1	57.7	210
553	东杨家屯	6.86	23.2	116.0	48.2	252
554	新张家屯	7.75	19.2	89.2	43.2	186
555	新张家屯	7.84	24.6	94.7	59.5	125
556	东丁	7.70	24.8	107.7	66.8	249
557	东丁	8.00	24.3	111.1	65.6	231
558	北丁	8.11	10.0	46.2	25.6	160
559	北丁	5.83	22.0	72.8	59.0	266
560	前营	5.32	23.2	87.0	56.2	76
561	前营	5.30	15.0	70.5	44.4	131
562	后营	5.33	18.7	94.8	39.9	87
563	后营	6.76	12.5	49.9	29.4	141

（续表）

序号	样品信息	化验结果				
		pH值	有机质（g/kg）	碱解氮（mg/kg）	有效磷（mg/kg）	速效钾（mg/kg）
564	前田	6.73	21.9	69.9	46.1	209
565	前田	6.84	16.8	74.8	37.6	148
566	城后刘家庄	5.30	23.0	106.9	41.9	184
567	城后刘家庄	5.56	21.5	94.0	50.1	169
568	大李	7.21	8.8	46.9	17.7	56
569	大李	6.62	20.8	89.1	47.4	144
570	五龙官庄	6.64	16.0	57.0	33.6	107
571	季家屯	8.19	12.6	58.4	36.5	83
572	后店子	8.18	19.7	98.3	58.3	139
573	柴北村	6.09	23.5	116.1	54.7	254
574	后邱家大村	7.71	16.6	79.7	43.3	152
575	前邱家大村	7.80	23.0	87.6	45.5	255
576	范家小庄	6.87	15.6	71.3	31.5	151
577	西店	6.85	14.9	60.6	37.7	258
578	西刘家庄村	8.12	18.1	86.8	43.3	83
579	葛家村	7.54	23.7	98.4	54.3	171
580	牛氏庄村	6.21	17.3	88.4	32.7	172
581	北张家屯村	7.94	14.9	80.0	48.6	99
582	董家庄村	5.84	16.5	66.9	47.0	173
583	后朱翰村	5.91	13.8	64.8	44.7	81
584	东朱翰村	6.99	13.8	69.1	33.1	141
585	前朱翰村	7.96	24.7	81.3	37.2	263
586	东泊庄村	6.34	15.4	71.2	43.3	270
587	西泊庄村	5.24	12.1	54.9	37.6	128
588	前泊庄村	5.24	11.2	57.4	37.7	125
589	两埠岭村	5.22	17.9	69.8	48.4	111
590	小王柱村	5.42	16.3	71.0	44.4	219
591	东小王柱村	5.29	19.6	72.3	35.2	150

（续表）

序号	样品信息	化验结果				
		pH值	有机质（g/kg）	碱解氮（mg/kg）	有效磷（mg/kg）	速效钾（mg/kg）
592	松家岭村	6.08	19.3	88.5	28.3	94
593	郭才庄村	7.03	14.2	62.7	45.1	114
594	梁东村	5.55	13.5	59.8	31.7	77
595	梁西村	5.90	14.3	56.5	43.6	288
596	北园村	6.13	11.6	45.2	30.8	135
597	潘家庄村	5.35	20.4	62.7	32.9	96
598	新生屯村	7.30	23.4	66.5	40.2	265
599	山庄村	6.10	10.6	45.8	35.8	73
600	鹿家营村	5.27	17.5	52.9	36.8	157
601	宫家庄村	5.53	12.3	78.4	55.1	197
602	苏家庄村	5.42	14.9	85.4	33.5	83
603	王家大庄村	6.51	18.4	77.0	8.8	121
604	东养马村	6.93	17.7	81.9	30.9	222
605	西养马村	5.01	17.2	106.4	71.5	184
606	朱公村	5.39	19.2	105.7	71.8	159
607	尚村	6.65	15.6	70.7	39.8	165
608	窎庄村	8.00	17.5	81.9	10.2	132
609	潘家栏子村	5.69	17.3	100.8	79.2	242
610	郝家村	6.09	20.9	87.5	59.1	191
611	高家村	5.60	8.2	92.4	52.4	143
612	后西旺村	6.52	18.7	76.3	45.1	98
613	前西旺村	6.44	18.7	83.3	51.6	133
614	后鹿家庄村	7.54	22.3	123.9	52.0	267
615	前鹿家庄村	5.47	16.7	93.1	42.2	101
616	任鹿家庄村	6.37	12.9	53.9	22.3	62
617	相家庄村	6.99	23.6	95.9	3.4	93
618	马旺村	7.70	15.6	52.5	17.2	99
619	东马旺村	7.86	13.8	103.6	28.2	233

（续表）

序号	样品信息	化验结果				
		pH值	有机质 （g/kg）	碱解氮 （mg/kg）	有效磷 （mg/kg）	速效钾 （mg/kg）
620	土庄村	6.06	16.7	76.3	42.4	115
621	向岳庄村	6.73	11.6	67.2	13.3	61
622	咸家庄村	8.27	23.4	53.2	10.5	73
623	房家屯村	7.46	16.0	80.5	58.4	192
624	王家庄村	7.49	17.5	81.9	29.1	201
625	李家庄村	7.38	13.5	62.3	25.0	60
626	郑家村	7.30	23.1	155.5	63.7	236
627	徐家楼子村	6.41	12.8	83.3	65.9	106
628	王家店子村	6.23	21.3	120.4	54.2	251
629	陶家庄村	5.73	15.9	88.9	42.8	102
630	南刘家庄村	6.68	20.6	93.1	56.2	217
631	常家疃村	5.28	19.8	87.5	43.5	131
632	王家村	6.42	14.8	55.3	15.2	88
633	孙家村	6.06	21.0	114.1	37.0	147
634	魏家村	6.51	14.0	74.9	34.7	178
635	徐家店子村	6.83	8.6	60.9	21.1	109
636	于戈庄村	7.01	11.5	55.3	14.6	121
637	郝家楼子村	7.16	16.6	70.7	8.5	118
638	东尚口村	6.80	14.5	83.3	51.5	137
639	西尚口村	6.10	15.5	95.7	22.4	61
640	南杨家庄村	6.67	10.3	90.3	49.0	135
641	西戈家庄村	5.64	12.8	108.5	59.7	242
642	东戈家庄村	5.35	14.0	116.9	58.8	217
643	陈家屯村	5.26	10.5	110.7	70.0	258
644	张戈庄村	5.79	7.0	31.5	8.7	66
645	前王柱村	6.25	19.9	98.7	66.7	148
646	大王柱村	6.01	12.0	84.7	75.2	151
647	河崖村	6.80	11.4	69.3	43.2	132

（续表）

序号	样品信息	化验结果				
		pH值	有机质（g/kg）	碱解氮（mg/kg）	有效磷（mg/kg）	速效钾（mg/kg）
648	王家园村	6.77	9.8	61.6	9.2	99
649	蒋家园村	6.72	6.5	58.1	34.2	81
650	郭家园村	6.81	7.8	109.9	23.0	92
651	阎家村	7.06	20.5	91.0	26.2	266
652	阎家村	7.50	12.6	101.5	67.8	259
653	新华村	5.71	8.4	80.1	62.5	189
654	下村村	5.69	25.0	122.9	75.1	252
655	窦家庄村	5.66	8.3	86.1	68.3	151
656	牟家园村	6.89	15.8	80.5	47.5	121
657	东前岭村	7.58	8.8	104.3	32.0	118
658	西前岭村	6.80	8.9	101.7	68.3	243
659	新岭村	7.86	8.3	60.9	26.0	81
660	管家庄村	8.47	10.7	74.9	23.0	169
661	管家庄村	7.95	12.8	69.3	15.1	231
662	前进村	7.63	8.8	74.9	52.4	115
663	伊家庄村	7.57	8.1	102.2	43.5	198
664	东武家村	7.32	7.4	109.0	32.6	152
665	西武家村	7.62	10.7	71.4	25.8	103
666	河牟村	7.19	12.2	81.9	39.7	187
667	郭家官庄村	6.67	12.1	101.5	43.3	162
668	郭家官庄村	7.28	9.6	102.9	46.8	65
669	杜家庄村	6.79	9.8	66.5	45.5	53
670	郭家小庄村	7.14	7.8	90.3	24.0	217
671	匡家庄村	6.73	9.2	100.1	66.1	101
672	张许村	6.86	14.1	162.4	62.2	121
673	张许村	6.73	9.7	79.1	67.4	219
674	范家村	6.42	9.4	84.7	51.2	81
675	王新屯村	6.44	11.7	81.9	76.8	101

（续表）

序号	样品信息	化验结果				
		pH值	有机质 （g/kg）	碱解氮 （mg/kg）	有效磷 （mg/kg）	速效钾 （mg/kg）
676	南高家村	5.62	8.1	76.3	76.2	203
677	北高家村	6.36	9.3	102.9	52.0	92
678	陈家屋子村	6.20	11.0	83.3	27.8	231
679	陈家屋子村	7.63	16.8	114.1	37.8	118
680	大栏平安村	7.70	15.6	84.0	56.8	252
681	大栏平安村	7.68	12.9	72.8	13.9	158
682	两县屯村	7.24	21.3	100.1	75.8	137
683	两县屯村	7.68	20.2	93.8	4.3	236
684	谭家荒村	5.69	24.1	140.0	76.1	282
685	沙口子村	7.73	8.5	49.0	25.0	195
686	沙口子村	8.06	8.7	65.8	18.9	121
687	王家屋子村	8.02	9.9	70.0	60.5	242
688	王家屋子村	7.90	14.4	83.3	31.6	261
689	东流口子村	7.30	13.8	97.3	55.7	263
690	东流口子村	6.74	19.7	112.7	72.9	195
691	向阳庄村	7.30	6.1	64.4	38.7	128
692	毛家屋子村	7.53	23.6	123.9	64.8	221
693	大石桥村	6.96	16.4	86.8	69.0	248
694	郭家屋子村	7.50	14.9	88.9	67.4	178
695	刘家台子村	7.85	7.6	51.1	22.1	195
696	高平庄村	7.86	15.8	85.4	28.1	184
697	高平庄村	7.88	15.4	92.4	75.6	227
698	艾丘村	7.66	10.0	76.3	46.3	125
699	艾丘村	7.66	20.7	101.5	54.7	201
700	公婆庙村	7.82	16.5	60.9	20.0	243
701	公婆庙村	8.01	20.0	76.5	68.7	281
702	杨家圫村	8.15	16.5	86.3	23.4	189
703	杨家圫村	8.12	9.9	55.2	42.1	120

（续表）

序号	样品信息	化验结果				
		pH值	有机质（g/kg）	碱解氮（mg/kg）	有效磷（mg/kg）	速效钾（mg/kg）
704	谭家村	8.32	10.2	46.9	15.9	128
705	孙家口村	8.38	15.2	65.3	67.6	275
706	朱家村	8.35	9.4	44.7	43.6	151
707	朱家村	8.25	12.2	52.6	15.9	126
708	新赵庄村	8.04	21.1	62.8	33.5	254
709	徐家屋子村	8.28	15.2	60.1	55.0	247
710	徐家屋子村	8.10	10.7	57.3	61.0	258
711	郭家台子村	8.15	20.1	96.2	39.1	252
712	郭家台子村	8.43	24.0	105.3	26.2	214
713	窝铺村	8.24	15.3	67.5	34.7	259
714	窝铺村	8.20	14.2	72.1	31.2	277
715	前丘村	8.20	15.3	68.6	62.0	226
716	咸家村	8.18	19.6	85.7	48.5	244
717	王家坵村	8.32	16.9	92.1	50.2	246
718	王家坵村	8.19	17.4	59.4	27.8	189
719	陈屋村	8.20	23.5	89.4	47.5	262
720	陈屋村	8.43	13.8	57.9	8.5	125
721	咸东村	8.29	15.9	85.3	8.4	175
722	咸西村	8.27	20.1	96.2	29.9	261
723	新立屯村	8.38	19.5	74.1	42.4	262
724	山丰村	7.89	19.5	68.5	62.3	200
725	张屋村	8.10	21.2	92.6	71.2	225
726	贾唐村	8.31	21.6	111.3	25.4	277
727	贾唐村	8.30	18.9	85.6	24.0	119
728	赵李村	8.23	22.9	105.2	26.5	251
729	于庄村	8.19	19.4	85.4	48.5	219
730	于庄村	8.40	18.2	88.6	14.1	177
731	高家屋子村	8.49	23.9	98.2	10.4	148

（续表）

序号	样品信息	化验结果				
		pH值	有机质（g/kg）	碱解氮（mg/kg）	有效磷（mg/kg）	速效钾（mg/kg）
732	毛屋村	8.31	22.9	84.6	42.4	219
733	焦家屋子村	8.20	22.6	110.6	33.2	182
734	岔河村	8.34	20.1	85.2	62.3	247
735	杨兰村	8.32	19.7	69.8	61.9	238
736	黑丘子村	8.51	19.5	76.3	46.6	145
737	坊头村	8.19	21.3	92.5	37.6	200
738	杜家屋子村	7.88	22.7	91.0	48.2	177
739	陶家屋子村	8.40	20.3	88.7	49.4	179
740	唐家村	8.21	21.8	89.6	61.6	275
741	大侯家村	6.25	23.7	95.6	68.0	180
742	大侯家村	8.29	7.8	67.3	7.8	91
743	西侯家村	8.17	14.3	85.2	46.1	229
744	大楚家村	8.26	17.1	86.1	37.8	242
745	小楚家村	7.54	16.1	77.8	72.4	166
746	徐家庙村	8.16	21.6	86.9	34.7	150
747	李家营	6.31	14.1	75.4	78.0	162
748	向阳	5.70	15.1	67.4	61.2	173
749	杨家屯	5.86	10.5	66.5	75.2	146
750	大洪	5.26	17.1	71.2	61.2	205
751	菜园	5.38	18.2	129.5	42.4	263
752	高家庄	6.02	22.7	127.1	63.9	271
753	仲家庄	5.46	10.0	135.1	60.1	232
754	小沟头	6.31	17.4	124.3	25.0	119
755	大沟头	5.60	18.5	67.9	41.4	131
756	大官庄	5.49	15.3	105.0	76.1	264
757	窝洛	5.46	10.4	86.1	27.6	113
758	鲁家园	5.34	10.9	73.5	65.0	101
759	祝家庄	6.16	9.5	63.7	48.0	199

（续表）

序号	样品信息	化验结果				
		pH值	有机质（g/kg）	碱解氮（mg/kg）	有效磷（mg/kg）	速效钾（mg/kg）
760	孟家沟	6.12	10.6	72.1	54.0	201
761	晏王庙	5.56	16.0	98.7	60.4	188
762	城子前	6.45	10.2	74.2	58.8	134
763	前沙泊	5.46	10.2	97.3	64.6	242
764	张家庄	5.10	12.8	77.7	54.6	136
765	邹家弯庄	5.37	9.6	79.1	50.5	181
766	孙家弯庄	6.64	9.7	43.4	18.4	142
767	徐家弯庄	5.70	7.2	101.5	59.9	217
768	葛家庙子	7.11	7.3	56.7	11.5	141
769	城律	5.61	14.7	100.1	69.4	265
770	大庄	5.95	15.3	70.7	10.9	202
771	李家屯	5.23	11.5	81.9	59.9	255
772	冯家庙子	6.56	14.9	87.5	64.5	237
773	谢家屯	5.42	22.2	78.4	35.9	136
774	王家小庄	5.25	13.1	67.9	28.2	108
775	葛家屯	5.34	20.4	123.9	31.0	172
776	东姚家屯	5.28	13.8	65.1	8.1	151
777	河外	5.28	18.4	90.3	54.5	77
778	杨家栏子	5.45	18.9	79.1	20.4	183
779	柿子园	5.44	17.8	52.5	29.3	99
780	褚家王吴	5.27	13.5	96.6	67.7	246
781	钟家王吴	5.33	16.1	66.5	55.1	202
782	大辛庄	5.86	13.2	59.5	13.1	181
783	小辛庄	5.32	10.6	56.7	31.2	52
784	李家太洛	6.63	12.6	39.9	19.2	66
785	颜家太洛	6.71	8.2	42.0	3.6	53
786	小河口	6.33	12.1	70.7	47.0	88
787	巩家桥	6.10	18.1	125.3	12.9	243

（续表）

序号	样品信息	化验结果				
		pH值	有机质（g/kg）	碱解氮（mg/kg）	有效磷（mg/kg）	速效钾（mg/kg）
788	邓家庄	5.24	18.0	114.1	49.0	142
789	东化山	5.31	12.9	146.3	80.0	206
790	西化山	5.93	16.8	87.5	52.1	289
791	化山屯	6.93	19.3	88.9	60.4	266
792	瓦屋庄	6.63	13.4	67.9	33.3	201
793	曾家店子	5.41	16.5	112.7	86.4	132
794	空冲水	5.23	17.0	92.4	30.8	145
795	陈家庄	5.89	14.6	72.1	55.7	256
796	臧家王吴	5.92	16.3	114.8	61.5	276
797	东注沟	5.38	12.6	91.7	62.8	155
798	东注沟	5.61	13.4	59.5	26.0	146
799	西注沟	5.59	11.5	53.9	21.6	165
800	西注沟	5.26	19.8	123.9	50.4	183
801	韩家疃	5.21	11.3	80.5	72.8	236
802	新华	5.33	12.8	98.7	85.0	182
803	前沙沟	6.12	11.1	61.6	41.9	145
804	前沙沟	6.10	12.9	65.8	69.5	172
805	后沙沟	6.85	19.7	130.9	65.6	257
806	滕家庄	6.42	9.8	46.9	61.5	151
807	滕家庄	5.84	12.6	79.1	52.8	122
808	曹家大浒	6.24	17.1	72.1	49.6	116
809	葛家大浒	6.31	9.8	63.0	81.2	245
810	逄戈庄	5.93	13.3	60.9	34.9	84
811	逄戈庄	6.02	17.6	81.2	59.9	99
812	前水西	6.11	16.2	73.5	26.9	189
813	前水西	5.78	23.8	95.9	54.8	147
814	后水西	5.63	19.8	96.6	70.0	265
815	曹疃	6.30	14.8	62.3	20.0	136

（续表）

序号	样品信息	化验结果				
		pH值	有机质 （g/kg）	碱解氮 （mg/kg）	有效磷 （mg/kg）	速效钾 （mg/kg）
816	曹疃	6.10	15.0	74.9	39.8	255
817	王家大泮	5.65	16.5	76.3	55.8	162
818	曲家大泮	6.40	10.9	63.0	47.6	97
819	高家大泮	6.35	18.0	65.8	30.9	89
820	代家庄	6.62	18.0	128.1	26.0	118
821	李家埠	6.28	12.2	77.0	30.2	105
822	南埠	5.85	16.8	77.7	49.0	83
823	王家岭	5.23	13.5	147.7	62.8	135
824	杨家岭	5.32	17.5	92.4	61.8	252
825	刁家庄	5.34	16.8	88.2	64.9	269
826	小张戈庄	5.50	13.2	72.1	47.3	271
827	东张戈庄	5.40	13.3	59.5	69.1	182
828	西张戈庄	5.29	17.0	91.7	29.3	153
829	刘顺庄	7.74	12.7	86.8	35.2	243
830	马家村	5.37	13.4	63.7	32.0	122
831	建设	5.34	18.6	94.5	76.8	221
832	白家庄	5.31	18.1	88.2	45.9	99
833	平市	5.86	22.3	105.7	87.2	256
834	西沟	5.77	15.8	86.1	77.6	122
835	后方市	5.30	17.4	79.8	39.8	103
836	后方市	5.41	16.8	79.1	40.5	291
837	前方市	5.66	20.5	91.0	71.7	186
838	东屯	5.65	18.8	86.1	64.5	101
839	西屯	6.08	23.4	105.7	62.8	275
840	前曹戈庄	5.97	13.4	65.1	19.2	63
841	后曹戈庄	5.30	13.8	95.9	34.9	162
842	翻身村	5.36	15.1	79.1	64.3	97
843	西杨家屯	5.96	14.7	70.7	51.0	193

（续表）

序号	样品信息	化验结果				
		pH值	有机质 （g/kg）	碱解氮 （mg/kg）	有效磷 （mg/kg）	速效钾 （mg/kg）
844	大刘戈庄	5.32	22.8	108.5	73.9	242
845	大刘戈庄	5.41	22.9	135.1	74.5	266
846	东马戈庄	5.64	20.1	116.9	77.9	139
847	西马戈庄	5.59	19.9	126.0	78.6	198
848	小于家庄	5.37	22.1	108.5	60.9	241
849	尚家屯	5.24	17.6	79.1	64.7	171
850	张理庄	5.39	15.9	74.9	52.3	118
851	后张鲁河北	5.27	39.8	20.2	58.8	260
852	单家荒	5.75	120	15.6	91.6	134
853	东于家庄村	6.08	147	20.8	76.7	190
854	芝兰庄农场	6.8	150	24	79.1	174
855	代家屯村	5.19	59.4	14.8	45.9	229
856	新民庄	7.86	65.2	18.4	12.1	214
857	梁家屯	7.97	119	18.8	12.2	222
858	苗家屯	8.17	31.6	15.9	16.1	263
859	索家村	8.8	46.1	9.5	78.8	145
860	大尹村	5.52	185	17.7	40.4	202
861	辛庄	6.04	26.1	14.3	9.3	200
862	徐家立	7.42	128	19.8	38.5	246
863	西葛家桥村	5.52	66.8	17.4	60	239
864	徐家村	8.02	74.5	22.1	43.7	202
865	丰家庄	8.31	154	20.6	30.5	267
866	马家庄	8.23	81.4	19.9	11	232
867	蔡家庄	8.14	88.1	21.1	9.6	248
868	张新庄	7.92	67.6	16.4	18	155
869	土辛庄	8	58.7	20.6	16.8	180
870	沂塘西村	8.04	75.2	19.5	22.1	222
871	南志屯村	8.23	73.1	15.7	54.9	253

（续表）

序号	样品信息	化验结果				
		pH值	有机质（g/kg）	碱解氮（mg/kg）	有效磷（mg/kg）	速效钾（mg/kg）
872	康四	7.82	15.9	19.6	43.3	285
873	王村	8.23	39.9	19.5	30.8	212
874	关爷庙	7.96	14.3	16.9	9.8	258
875	李村	7.86	92.8	24.9	28.3	232
876	殷家楼	8.15	40.3	15	52.7	249
877	永丰庄	8.28	15.7	8.5	27.7	249
878	田家庄	8.25	18.8	7.6	17.2	154
879	康庄农场	8.22	70.3	19.5	10.4	200
880	沟南	7.79	48.2	19.8	23.4	216
881	赵家沟	5.93	65.2	18.7	33.9	172
882	李茂庄村	5.6	102	12.5	46.3	169
883	大村	5.5	14.5	14	78.2	181
884	店子	5.89	11.5	11.4	92.8	253
885	柳林	5.7	40.7	20.6	19.6	252
886	故献	8.03	88.9	17.8	83.7	147
887	宋家泊子	7.25	30.8	14.8	67.8	294
888	五龙庄	7.37	60.7	17.3	20.3	208
889	河西	6.81	60.2	6.7	74.7	217
890	李家官庄	7.01	59.8	7.6	58.5	219
891	任家村	6.35	116	14.4	75.2	295
892	东李	5.7	74.4	17.8	46.7	235
893	栾家店	7.29	15.7	10.7	56.6	272
894	石家官庄	7.35	90.2	8.4	47.8	107
895	茂旱屯村	8.06	61.4	10.4	37.6	260
896	崔家庄	8.23	38	18.6	83.2	276
897	后屯	8.13	73.8	19.4	30	132
898	前屯	8.25	47.2	16.1	68.7	178
899	孙家长村	8.25	188	18.5	20.9	283

（续表）

序号	样品信息	化验结果				
		pH值	有机质（g/kg）	碱解氮（mg/kg）	有效磷（mg/kg）	速效钾（mg/kg）
900	伊家长村	8.19	52	19.1	40.6	120
901	南高	5.21	91.1	13.2	24.7	215
902	王家寺	8.54	15.8	7.1	32.8	171
903	聂家西	7.27	131	14.6	62.7	274
904	聂家东	6.23	123	11.2	47.3	196
905	后于	8.2	27.8	19	19.6	206
906	前于	4.95	139	18.1	50.1	226
907	董利村	8.1	11.5	16.6	12.5	229
908	尤家集	7.97	18.6	19	10.7	294
909	蔚家庄二村	8.23	47.8	15.8	15.4	253
910	蔚家庄一村	8.26	43.3	24.7	28	228
911	西辛庄	8.3	157	24.8	20.4	215
912	东辛庄	8.43	11.4	20.8	12.2	211
913	仁和二村	7.9	41.3	16.2	32.8	207
914	范家庄	8.09	15	16.4	26.4	204
915	张庄	8.33	12.8	21.1	10.6	175
916	谢家庄	8.34	54.1	19.6	20.6	292
917	李仙庄村	7.13	96.3	16.9	49.9	267
918	张家	8.25	25	10.4	23.6	241
919	小迟家	7.87	72.6	14.5	10.2	230
920	大杜家	7.49	148	17.2	42.8	132
921	小杜家	7.49	71.6	18.5	62.2	282
922	大孙家	7.77	58.8	15.5	46.3	200
923	祁家	8.03	44.4	16.6	31.9	211
924	小辛家	8.33	72.8	13.4	12.1	234
925	沟头	8.19	59.7	13.7	20.9	109
926	米家庄	8.41	61.2	15.1	7.7	201
927	西刘家庄	8.03	42	16.4	34.4	248

（续表）

序号	样品信息	化验结果				
		pH值	有机质 （g/kg）	碱解氮 （mg/kg）	有效磷 （mg/kg）	速效钾 （mg/kg）
928	荆家	7.98	48.7	17.6	45.5	206
929	新河庄	8.51	66.1	19.9	46.2	196
930	大迟家村	7.93	49.2	14.2	34.1	205
931	东姜戈庄	8.01	58	18.9	7.2	197
932	后张秋	8.14	44.6	15	25.9	171
933	吉林庄	7.19	132	15.3	27.7	177
934	举人庄	8.45	85.9	13.4	4.8	204
935	克兰	7.79	50.8	19.5	13.2	255
936	李营	7.52	142	17	36.3	227
937	刘家街	7.52	118	20.9	38.3	221
938	辂家桥	7.79	144	22.7	60.3	190
939	前泊子	7.22	138	15	28.1	291
940	尚义官庄	7.93	116	22.6	15.4	222
941	谭二	8.08	87.6	18.1	31.3	230
942	吴家营	7.45	80.8	16.6	21	224
943	西埠	6.75	109	18	47.8	230
944	西于家埠	6.09	103	21.4	28.7	146
945	下坡	6.29	110	18.1	21.6	118
946	兴隆官庄	7.77	120	17.6	15.5	217
947	于家营	7.06	158	24.4	31.9	174
948	张家屋子	7.93	141	24	7.7	198
949	赵家街	8.03	123	21.7	8	279
950	胡家村	6.03	116	16	37.1	211
951	前院头	7.08	102	24.1	36.6	208
952	水城	5.47	88.7	15.4	48.1	178
953	金宝山	6.26	133	17.4	52.2	192
954	鲁家店子	5.9	161	24.1	72.1	172
955	南高戈庄	5.41	120	17.7	25.5	158

（续表）

序号	样品信息	化验结果				
		pH值	有机质（g/kg）	碱解氮（mg/kg）	有效磷（mg/kg）	速效钾（mg/kg）
956	后营	5.65	101	15.7	56.5	93
957	后院头	5.65	118	18.8	38.2	173
958	凤凰屯	7.14	37.3	13	24.3	149
959	东疃	6.99	52.9	23.2	46.5	190
960	大路庄	6.3	30.9	11.9	48.2	126
961	大茔	5.56	72.2	22.5	41.8	108
962	王货郎	6.15	34.4	18.1	57.5	206
963	大柴家庄	6.48	35.6	20.3	35.4	156
964	顾家岭	7.39	70.5	17.1	27.9	227
965	逄家庄	6.6	169	20.2	46	169
966	吴家庄	7.92	30.2	17.6	25.8	189
967	张家墩	8.06	68.7	22.1	34.9	194
968	前福盛屯	7.52	57.6	17.3	31.9	125
969	后邱	7.86	155	19.1	42.7	282
970	前田庄村	5.43	73.4	18.4	42.2	197
971	王家庄	5.72	42	20.9	54	194
972	马旺村	4.86	29	11.3	62.8	111
973	东马旺村	5.2	146	15.8	45.4	270
974	相家庄	5.15	75.8	14.5	66.5	203
975	郝家村	5.05	71.4	15.2	55.1	96
976	后鹿村	5.49	76.2	21.1	19.8	205
977	高家村	5.64	128	17.2	52.8	121
978	前西旺	5.63	115	18.3	36.9	169
979	后西旺	6.27	17.3	17	42.7	146
980	任鹿家庄	4.82	27.2	14.9	56.6	132
981	沙口子	8.32	85.7	18.6	68.1	212
982	郭家官庄	7.93	44.4	6.9	60.5	129

（续表）

序号	样品信息	化验结果				
		pH值	有机质（g/kg）	碱解氮（mg/kg）	有效磷（mg/kg）	速效钾（mg/kg）
983	刘家台子	6.79	99.3	9.8	69.2	106
984	东流口子	6.6	88.3	10.8	58.9	201
985	王家屋子	8.09	141	23.3	68.6	188
986	新赵家庄	7.81	11.6	17.5	35.5	238
987	大栏	8.43	77.1	18.7	10.2	194
988	向阳村	6.72	57.4	13.7	32.6	143
989	唐家	8.21	40.8	18.8	30.6	227
990	大侯	7.23	17.2	24.8	48.7	190
991	贾唐	8.7	17.2	15.4	20.2	135
992	杨兰	8.34	35.8	23.1	14.7	166
993	杜家屋子	7.71	95.8	15.2	42.1	198
994	黑丘子村	8.44	43.2	17.3	35.8	130
995	山丰	7.79	74	22.9	35.4	181
996	新立屯村	8.65	14.3	21.8	29.1	289
997	窝洛村	5.13	16.5	15.2	31.8	163
998	后曹戈庄	6.04	72.2	17.9	47.1	279
999	东马戈庄	7.65	44.9	16.3	14.9	197
1000	后水西	5.3	14.2	16.6	29.8	133
1001	西沟	5.08	58.3	21	47.8	138
1002	西马戈庄	4.63	13.1	19.6	61.1	162
1003	杨家屯	6.9	45.8	23.3	40	209
1004	韩家疃	4.82	145	13.5	73.6	203
1005	后方市村	7.1	72	19.5	35.6	143

二、高密市土壤分布情况（图2-4）

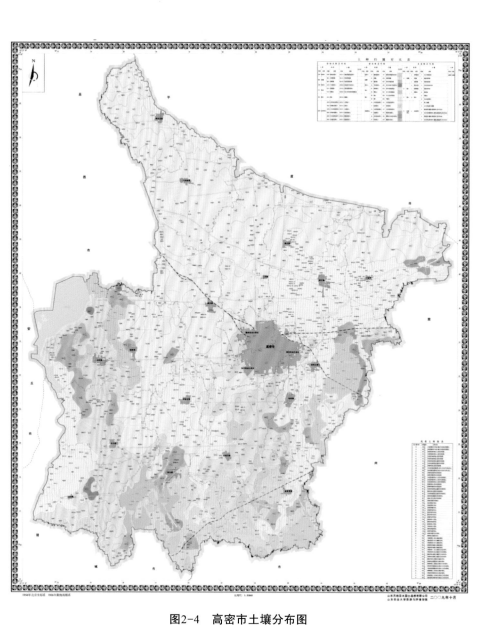

图2-4　高密市土壤分布图

第三节 高密市2023年主要作物配方肥配方及施用方法

一、主要作物配方肥配方（表2-2）

表2-2 主要作物配方肥配方

作物名称	配方肥配方
小麦	24-13-7（44%）、17-20-5（42%）、15-17-10（42%）、17-17-8（42%）
玉米	20-10-10（40%）、22-8-10（40%）、26-10-12（48%）、17-20-5（42%）
花生	18-14-10（42%）、16-9-20（45%）、14-16-10（40%）
马铃薯	15-10-20（45%）、16-8-24（48%）
番茄	15-8-22（45%）、15-5-30（50%）
黄瓜	18-12-15（45%）
果树	15-5-25（45%）

二、施用方法

（一）小麦

1. 推荐配方

24-13-7（44%）、17-20-5（42%）、15-17-10（42%）、17-17-8（42%）或相近配方。

2. 施肥建议

目标产量600 kg/亩。基肥每亩施用有机肥2 000～3 000 kg（或商品有机肥100 kg），配方肥45～50 kg，硫酸锌1 kg。拔节期结合浇水每亩追施尿素15～20 kg。

（二）玉米

1. 推荐配方

20-10-10（40%）、22-8-10（40%）、26-10-12（48%）、17-20-5

（42%）或相近配方。

2. 施肥建议

目标产量700 kg/亩。基肥每亩施用配方肥45～50 kg，增施硫酸锌1 kg。在大喇叭口期每亩追施尿素15～20 kg。

（三）花生

1. 推荐配方

18-14-10（42%）、16-9-20（45%）、14-16-10（40%）或相近配方。

2. 施肥建议

基肥每亩施商品有机肥300～400 kg，配方肥45～50 kg，增施生石灰20 kg，南部丘陵区每亩可适当增施硼砂1 kg。

（四）春季马铃薯

1. 推荐配方

15-10-20（45%）、16-8-24（48%）或相近配方。

2. 施肥建议

每亩施商品有机肥200 kg或堆沤肥2 000～3 000 kg，配方肥推荐用量50 kg，适当增施钙肥。开花期每亩追施冲施肥20～25 kg。

（五）设施番茄

1. 推荐配方

15-8-22（45%）、15-5-30（50%）或相近配方。

2. 施肥建议

基肥每亩施用优质有机肥2 000～3 000 kg，配方肥50 kg，配合中微量元素正确使用。开花坐果期后每亩追施高钾水溶肥20 kg。

（六）果树

1. 推荐配方

15-5-25（45%）或相近配方。

2. 施肥建议

采果后每亩施用15-15-15复合肥50 kg，适当增施中微量元素。果实膨大期每亩追施15-5-25配方肥30～40 kg。

（七）设施黄瓜

1. 推荐配方

18-12-15（45%）或相近配方。

2. 施肥建议

基肥每亩施用优质有机肥3 000～4 000 kg，配方肥50 kg，适当增施中微量元素。结瓜期每亩追施高钾水溶肥20 kg。

第三章 水肥一体化技术

第一节 水肥一体化概述

中国用全球9%的耕地和6%的水资源供养了全球21%的人口。为解决农业上水肥供需问题，满足可持续发展的战略要求，近几年国家出台了《水肥一体化技术指导意见》《推进水肥一体化实施方案（2016—2020年）》，要求分区域、规模化推进高效节水灌溉行动，将水肥一体化作为解决农业可持续发展的重要方式，即利用管道灌溉系统，将肥料溶于水，达到以水促肥、以肥调水的目的，适时、适量地满足农作物对水分和养分的需求，实现水肥同步管理和高效利用的节水农业技术。

一、水肥一体化概念

广义上讲水肥一体化是随水施肥，根系在吸收水分的同时吸收养分，以满足作物生长发育的需要。除管道施肥外，淋施、浇施、喷施都属于水肥一体化范畴，是灌溉施肥的简单形式。狭义上讲水肥一体化一般指微灌施肥技术，是通过管道系统及安装在末级管道上的灌水器，将水肥以小流量、均匀、准确地输送到作物根系附近土壤。实际操作中借助压力系统（或地形落差），按需求将肥料随灌溉水一起适时、适量、准确地输送到作物根部土壤，即相当于给作物"打点滴"，可控制浇水施肥时间、次数、养分种类及浓度等，达到灌水施肥的均匀性和可控性。

二、水肥一体化的优点

水肥一体化根据作物需肥规律结合灌溉进行灌溉施肥，实现了6个转变：渠道输水向管道输水转变；浇地向给庄稼供水转变；土壤施肥向作物施肥转变；水肥分开向水肥耦合转变；单一技术向综合管理转变；传统农业向现代农业转变。

水肥一体化可以通过多种方式施用，如叶面喷施、挑担淋施和浇施、拖管淋施、喷灌施用、微喷灌施用（南方最普及水带喷施）、滴灌施用、树干注射施用等，其优点如下。

（一）节水

整个系统采用管道输水，减少水分流失，比地面浇灌省水30%～50%。

（二）节肥

水肥耦合，按照作物需肥规律适时适量地将水和养分输送到作物根部区域，减少因挥发、淋洗而造成的肥料浪费，减少土壤对肥料的固持，提高肥料利用率。

（三）节能

微灌系统对压力的要求较低，能够最大限度地节约能源。

（四）节省劳力

水肥一体化技术，采用管道输水，操作方便，且便于自动控制；同时水肥一体化属局部灌溉，可减少杂草生长，减少除草用工；水肥一体化技术可以做到水肥药一体化，减少用工投入。

（五）灌溉均匀

灌溉系统可以做到有效地控制每个滴头的出水量，灌溉均匀度高。

（六）减少病虫害

微灌施肥降低设施内空气湿度，减少病虫害的发生。

（七）减少污染

微灌能抑制土壤板结，维持土壤中良好的水、气情况；经过控制灌溉深度，可避免将化肥淋洗至深层土壤，尤其是硝态氮，从而避免或减轻对土壤和地下水的污染。

（八）淋洗抑盐

灌溉系统用水使土壤盐分溶解向左右下方扩散，一直把盐分淋到湿润锋边缘，在湿润锋中心形成盐分淡化区，利于作物根系生长。

（九）提高经济效益

一是使用微灌施肥系统，作物可提前15～30 d上市，且延长市场供应期，可获得最佳收益；二是根据作物对养分的需求规律施肥，可以改善作物品质，从而提高经济效益。

三、水肥一体化理论基础

植物有根系和叶片两张"嘴巴"，根系是"大嘴巴"，叶片是"小嘴巴"。大量的营养元素通过根系吸收，叶面喷肥起补充作用。而施入土壤中的肥料到达植物根系主要是通过扩散和质流两个过程。扩散过程是肥料溶解后进入土壤溶液，靠近根表的养分被吸收，浓度降低，远离根表的土壤溶液浓度相对较高，养分向低浓度的根表移动，被根系吸收。而质流过程是植物在有阳光的情况下叶片气孔张开，进行蒸腾作用，导致水分损失，根系必须源源不断地吸收水分供叶片蒸腾耗水，靠近根系的水分被吸收了，远处的水就会流向根表，溶解于水中的养分也跟着到达根表，从而被根系吸收。不同营养元素到达作物根系的迁移方式不同，钙、镁和氮（NO_3^--N）主要靠质流到达根表；土壤溶液中浓度比较低的养分离子，如$H_2PO_4^-$、K^+和NH_4^+，主要靠扩散移动。

从根系吸收肥料的特点来看，施肥应该注意深度和位置，使肥料集中在根系密集区，增大肥料与根系的接触面积。另外，质流和扩散过程都离不开水作为载体，肥料一定要溶解才能被植物吸收，不溶解的肥料植物"吃不到"，便是无效肥料。在实践中灌溉和施肥同时进行即水肥一体化管理，直接将肥料溶解于水中，缩短了肥料吸收进程，减少了肥料挥发、淋溶、径流以及被土壤固定的机会，提高了肥料利用率。水肥一体化调控技术核心主要体现于保持适宜的根区养分浓度；合理的根区养分供应比例；优化根区土壤环境和水肥同步供应。

四、水肥一体化的发展历程

20世纪之前，全世界90%以上的灌溉使用拦河蓄水、筑渠引水、开畦灌溉等传统灌溉技术。随着生产力的不断提升，人口的急剧增长，该灌溉方式显现出很多弊端，如消耗大量人力物力，用水效率低，同时该方式又易引起土壤板结，因此我们必须寻求一种新的节水灌溉技术，利用同样的水甚至更少的水获取更高的产量。

20世纪40年代末，一位以色列农业工程师在英国发明了滴灌技术。50年代，他将此技术带回以色列的内格夫沙漠地区，应用于温室灌溉。60年代初，滴灌在以色列、美国加州得到广泛推广，主要应用于水果及蔬菜。

滴灌的用水效率达90%以上，究其根本，滴灌无输水损失、无深层渗漏、无地面径流损失、直接入渗于根区，减少水分蒸发。除此之外，利用滴灌系统施肥，可根据作物不同生长期需肥要求，准确地随灌溉水施入肥料，使作物生长于最优的水肥环境中。滴灌不止使作物产量提高，节约水资源，而且大大提高作物品质，是目前全球最为蓬勃发展的灌溉技术。

20世纪80年代以来，喷灌、滴灌技术在农业上得到空前发展，不少企业及研究人员开始探讨地下滴灌技术（简称SDI），将滴灌技术的优点发挥到极致。澳大利亚昆士兰、美国加州、夏威夷等地，SDI广泛应用于甘蔗及蔬菜，并取得良好效果。

我国从1974年开始研究灌溉施肥技术，1980年第一代成套滴灌设备研制成功。当前水肥一体化技术已经由过去局部试验示范发展为大面积推广应用。2015年，我国水肥一体化技术推广总面积达到8 000万亩以上，实现节水50%以上，节肥30%，粮食作物增产20%，经济作物每亩节本增收600元以上。总体来说，我国微灌施肥技术正处于引进、研发与应用的快速发展阶段，为此应加大力度推广水肥一体化，普及水肥一体化基本知识，正确引导农民合理灌溉施肥。

五、水肥一体化的现状

从世界范围看，在现代农业中，美国25%的玉米、60%的马铃薯、33%的果树采用水肥一体化技术；以色列90%以上的农业实现了水肥一体化技术，从一个"沙漠之国"发展成了"农业强国"。反观我国，与发达国家相比，我国水肥一体化技术发展晚20年。从20世纪90年代开始，我国水肥一体化的理论及应用技术才日渐被重视。

水肥一体化正在从当年的"高端农业""形象工程"开始向普及应用发展，当前中国已经具备了大力发展水肥一体化的有利条件。水肥一体化技术的推广，离不开节水灌溉的发展。21世纪以来，连续11个中央一号文件和中央水利工作会议，都要求把节水灌溉作为重大战略举措，其中2015年文件指出，要扩大节水灌溉设备购置补贴范围。2016年是"十三五"的开局之年,国务院办公厅文件明确表明,建立可持续的精准补贴和节水奖励机制。同年4月,农业部进一步制定了《推进水肥一体化实施方案(2016—2020年)》,进一步提升了水肥一体化地位,明确了水肥一体化是保障国家粮食安全、促进农业可持续发展的必由之路。根据节水量对采取节水措施、调整种植业结构节水的用户给予奖励,调动农民参与改革的积极性。

近几年土地流转进行得如火如荼,大规模、现代化、集约化的农业必将成为趋势,机械化管理会越来越受到农业从业者的重视,灌溉设备是其中重要的一个方面。灌溉通过给农田补充水分来满足作物需水要求,创造作物生长的良好环境条件,以获得较高的产量,但节水灌溉技术一般比较复杂,涉及范围广,投资较大,一个高效节水灌溉项目亩均投资一般在千元以上,且节水灌溉所带来的收益在短时间内很难体现。与此同时,灌溉水资源的价格相对较低,灌溉时几乎不按用水量收费,甚至是不收费,因此农民和用水户通过节水所带来的收益甚微,其采用节水灌溉技术和设备的动力不强,如图3-1所示我国使用灌溉技术农田的面积比例,说明大部分地区仍未形成良好的节水灌溉意识,节水灌溉发展空间仍很大。

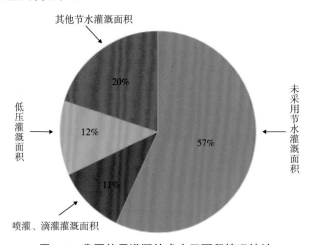

图3-1 我国使用灌溉技术农田面积情况统计

六、水肥一体化的发展趋势

农作物的生长离不开土壤、水、肥等资源,能否高效利用这些资源优势，关乎我国农业的可持续发展，而水肥一体化技术是发展现代农业的重要途径。进入21世纪中后期，水肥一体化技术将会以前所未有的速度发展。许多农业专家预测21世纪的农业生产将朝着能耗及造价越来越低，效率越来越高（SDI将会大量推广），高度自动化及高度智能化方向发展（计算机控制，精量灌溉）。

水肥一体化是一个资金密集型和信息密集型行业，经过多年的技术示范和推广，已从单一的技术模式向综合性、信息化模式转变，也实现了渠道输水向管道输水、浇"地"向浇"作物"、土壤施肥向作物施肥、水肥分开向水肥耦合、传统农业向现代农业的转变，广泛应用信息化技术，充分开发信息化资源，拓展信息化的深度和广度，工程与非工程措施并重是水肥一体化的发展方向。另外，随着互联网技术的快速发展，水肥一体信息化的普及率及认可度会越来越高，移动互联网、GPRS、物联网、云计算、大数据分析等技术越来越多地被用在农业水肥一体化上，水肥一体化的效率将进一步提高，为农民和用水户带来便捷和效益。

七、水肥一体化在我国推广的挑战

水溶肥生产企业良莠不齐。截至2015年11月，全国有4 480个水溶肥登记。但产能绝大多数不超过5万t，全国水溶肥产能超过10万t的企业屈指可数。

与国际水溶肥企业相比，目前国内部分水溶肥企业在资金、研发、技术上都投入不足，生产设备相对简陋，不少企业仅仅是将原料简单混配。部分水溶肥厂家原料不能自产，需靠对外采购，产品质量很难保证。

产品质量参差不齐。目前，国内水溶肥市场比较混乱，假冒伪劣产品较多，影响优质产品的推广，并且国家标准没有完全统一，不利于行业的良性竞争和发展。产品配方没有根据作物的需求来配置，而是盲目追求高养分含量，从而达不到预期的效果。

技术设备不配套，忽视灌溉和施肥制度优化，施肥设施和水溶肥料应用。技术服务不到位，只顾节水，不顾施肥，缺少必要的指导经费和展示示范平台。地区发展不平衡，国家支持政策还不够全面。

第二节　水肥一体化设备的设计、安装和运行维护

一、水肥一体化系统的设计

规划设计水肥一体化系统涉及项目区资料的收集分析，以及详细的设计过程，设计水肥一体化系统应确保：在作物生长季节提供足够水量；满足作物需水高峰期的水量供应；将水肥均匀地输送到每棵作物；确保作物根系周围适当区域合理湿润，避免过量；系统投资、运行费用，以及水资源和能源节约。

水肥一体化系统设计的主要任务是提供设计说明书、设计图纸和预算书三部分。

（一）规划设计所需基本资料

1. 地形资料

进行设计的水肥一体化系统所在区域地形以实测地形图为标准。实测地形图是水肥一体化系统布置、系统水力计算必不可少的环节。

2. 土壤资料

不同的土壤类型，施肥要求也不同，设计水肥一体化要准确收集土壤资料，包括土质、田间持水量、入渗能力、冻土层深度等。土壤资料是灌水器选型的基础。

3. 气象资料

气象资料是计算作物需水量和制定水肥管理制度的基础，主要包括气温、降水量、风速与风向、蒸发量等。

4. 作物资料

水肥一体化设计需要根据作物习性选择灌溉方式，制定水肥管理制度，因此需要了解项目区所种植作物种类、种植年限、分布情况等。

5. 水源资料

水源资料主要包括水源类型、位置、供水量、水质情况等。水源资料不仅是水量平衡计算的基础，也是选择水泵、过滤器类型、水处理工艺和肥料种

类的依据。

（二）水源工程的规划

1. 水源供水量分析

水源供水量分析内容随水源类型改变，若采用已建的水利工程或出水口供水，则主要分析来水量和来水过程；若抽取河水，则分析该河流的年流量与月流量；若抽取地下水作为水源，则分析井的出水量、动水位等情况。

2. 水量平衡计算

水量平衡计算的目的是确定工程的规模，主要是确定水肥一体化可控制面积的大小。

3. 蓄水池容量的确定

很多工程需要修建蓄水池，蓄水池的容积需要根据来水和用水的平衡关系来确定。

（三）灌水器的选择

正确选择灌水器是科学灌溉的重要一步。根据不同的作物类型、种植模式，选用合适的灌水器，以充分合理地利用水资源，提高灌溉水利用率，利于作物生长。

一般情况下，茄果类的行植作物，如番茄、黄瓜、辣椒等，选用滴灌带、滴灌管；果树类作物选用滴头；盆栽植物选用滴箭；对湿度要求高的作物选用雾化微喷；大面积成片种植的作物应选用喷灌。

通过科学灌溉技术，肥料或药剂通过专用的施肥装置（比例式注肥泵、文丘里施肥器、压差式施肥罐等）注入灌溉管网，并通过灌水器直接作用到有效的区域，可以很好地实现水肥一体化，提高肥料利用率。

（四）灌水器的布置

以滴灌为例，采用滴灌带和滴灌管等灌水器，需根据作物株距选择相应滴头间距的产品，然后沿行向铺设在作物根部附近。滴头、滴箭等灌水器的布置，则需根据作物植株或器皿位置来灵活确定其安装位置。

总之，滴灌灌水器布置是以作物为核心，安装到作物根部附近，使灌溉水直接作用于根部区域。

（五）管道的布置

1. 轮灌区域的划分

在大面积灌溉时，若所有的灌水器同时灌溉，必须最大限度地提高管道、水泵等所有设备的规格，从而提高造价，而且对供水量要求也高，所以合理的灌溉系统是划分若干个轮灌区，每个轮灌区由单独的阀门控制，各轮灌区依次灌溉。要求各轮灌区的流量接近。

2. 管路的布置

布置原则：结合周围条件，遵循正、平、直的原则，使管道长度最短；对于坡地，主管应垂直等高线布置，若条件不具备，应布置在等高线的高位；支管应平行等高线布置，使同一支管上压力平衡；管路尽量少穿越建筑物和道路等，控制阀沿道路布置。

布置形式主要有"丰"字形布置、"梳子"形布置，此外，还有树状、鱼状、环状布置等形式。

（六）管道的水力计算

管道的水力计算首先根据经济流速，计算支管和干管的管径，然后根据管道布置情况计算水力损失，推荐采用查表或软件计算。这一步可能需要反复比选计算（管径越小，沿程损失越大，水泵扬程越高，即前期投资较小，后期的运行费用需要增加）。

（七）绘制管道布置及局部大样图

根据以上水力计算结果，选择较为合理的管道布置形式，整理并绘制完成管道布置图，在满足施工安装要求的情况下，可增加局部大样图。

（八）设计说明的编写整理

主要是将前面所有的工作进行总结与说明，应包括以下内容：规划设计的基本资料；选用设备的依据及介绍；设计系统的介绍；灌溉制度的设计；材料用量及投资预算。

二、水肥一体化系统安装和运行维护

水肥一体化系统由水源工程、输水工程、田间首部、田间管网及灌水器等几部分组成。

（一）水源工程

河流、湖泊、水库和机井等都可作为灌溉水源，由于灌水器对灌水工作压力和水质都有一定的要求，所以针对不同的水源有不同解决方案。

1. 水泵

水泵是输送液体或使液体增压的机械，主要用来输送水。水泵性能技术参数包括流量、吸程、扬程、轴功率、水功率、效率等。在灌溉工程中常用的是离心泵和潜水泵（图3-2）。

图3-2　水源工程中的潜水泵（左）与离心泵（右）

水泵参数根据厂家提供的水泵性能曲线结合灌溉需求选取。

适用范围：从河渠或浅井抽水，一般用离心泵，离心泵具有效率高、体积小、维护简单等特点，在农田灌溉中应用很广，缺点是扬程不高，常用的离心泵扬程不超过十几米。

从深井抽水，一般使用潜水泵，其流量不大，但是扬程高。

注意事项：水泵的选择应满足流量和扬程的要求，且效率最高、轴功率最低；水泵的选择应选择便于操作维修，管理费用少。

2. 变频器

变频器是应用变频技术与微电子技术，通过改变电机工作电源频率方式来控制交流电动机的电力控制设备。变频器主要由整流（交流变直流）、滤波、逆变（直流变交流）、制动单元、驱动单元、检测单元和微处理单元等组成（图3-3）。变频器靠内部绝缘栅双极型晶体管的开断调整输出电源的电压和频率，根据电机的实际需要提供其所需要的电源电压，进而达到节能、调速的目的。变频器还有很多的保护功能，如过流、过压、过载保护等。

适用范围：用于恒压供水系统。采用变频调速进行恒压供水时，通过远传压力表根据压力反馈信号，通过PID运算自动调整变频器输出频率，改变电动机转速，达到管网恒压的目的，确保管网压力恒定，一方面避免了系统压力过大造成管材的损坏，另一方面为灌溉自动化运行提供了基础。

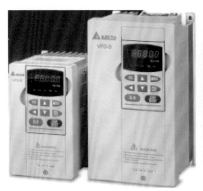

图3-3　水源工程中的变频器（左）与变频控制柜（右）

注意事项：由于变频的过载能力没有电机过载能力强，一旦电机有过载，损坏的首先是变频器（如果变频器的保护功能不完善的话）；如果设备上已选用的电机功率大于实际机械负载功率，但是用户有可能会将把机械功率调节到达到电机输出功率，此时，变频器一定要可以胜任，也就是说变频器的输出功率和电流选择必须等于或大于被驱动异步电机的功率和电流。

3. 电磁阀

电磁阀通过控制电磁铁的电流通断控制机械运动，打开或关闭阀门（图3-4）。

图3-4　水源工程中的电磁阀

市场上常见的用于节水灌溉的电磁阀接口一般为dn25 ~ dn110，工作压力为1.0 ~ 10 MPa，流量为0.4 ~ 40 m³/h。

注意事项：电磁阀应垂直向上安装，安装时阀体上箭头与介质流向一致，不可装在有直接滴水或溅水的地方；电磁阀应保证在电源电压为额定电压的10% ~ 15%波动范围内正常工作；应安装旁路装置，以防止电磁阀发生故障或清洗时系统不能正常运行。

4.控制器

控制器是自动控制灌溉系统的主要部件，是控制系统的大脑，根据录入程序（灌溉开始时间、延续时间、灌水周期等）向电磁阀发出电信号，开启或关闭灌溉系统（图3-5）。控制器可控制一个至百十个电磁阀。选取控制器时注意控制器的站数，确保控制阀个数满足灌溉要求。

图3-5　水源工程中的控制器

5.过滤器

针对河流、湖泊、水库等开放性水源，除安装动力加压装置外，一般采用离心过滤、砂石过滤、组合叠片（网式）或者自动反冲洗过滤器（图3-6）。主要用于除去水中的沙粒和藻类等。

图3-6　水源工程中的砂石过滤器（左）与离心过滤器（右）

以地下水（井水）作为灌溉水源的水源工程包括水泵、离心过滤器、组合叠片（网式）或者自动反冲洗过滤器。离心过滤器通常安装在井及泵站旁，最适合分离水中大量的沙子及石块，在满足过滤要求的条件下，分离60 ~ 150

目砂石的能力可达到92%～98%。它一般不单独使用，而是作为过滤系统的前段过滤。

（二）输水管网

输水管道是把水源输送到田间灌水区的通道。微灌工程多采用塑料管，一般采用PVC-U（聚氯乙烯管）或PE管（聚乙烯管）。

聚氯乙烯管（PVC管）用聚氯乙烯树脂与稳定剂、润滑剂配合后经制管机挤出成型，具有良好的抗冲击和承压能力，刚性好，但耐高温性能较差，在50℃以上时即会发生软化变形（图3-7）。因属硬质管道，韧性强，对地形适应性不如半软性高压聚乙烯管道。常见的PVC-U管道参数见表3-1。

图3-7 输水管网中的PVC-U管道（左）PVC-U管道专用胶（右）

表3-1 水源工程中常见PVC-U管道参数

（不同厂家制造参数略有不同）

公称外径	0.2MPa 壁厚（mm）	0.25MPa 壁厚（mm）	0.32MPa 壁厚（mm）	0.4MPa 壁厚（mm）	0.6MPa 壁厚（mm）	0.8MPa 壁厚（mm）	1.0MPa 壁厚（mm）	1.25MPa 壁厚（mm）	1.6MPa 壁厚（mm）
20									2
25									2
32								2	24
40							2	2.4	3
50						2	2.4	3	3.7
63					2	2.5	3	3.8	4.7
75			1.6	1.9	2.2	2.9	3.6	4.5	5.6

（续表）

公称外径	0.2MPa 壁厚（mm）	0.25MPa 壁厚（mm）	0.32MPa 壁厚（mm）	0.4MPa 壁厚（mm）	0.6MPa 壁厚（mm）	0.8MPa 壁厚（mm）	1.0MPa 壁厚（mm）	1.25MPa 壁厚（mm）	1.6MPa 壁厚（mm）
90			1.8	2.2	2.7	3.5	4.3	5.4	6.7
110		1.8	2.2	2.7	3.2	3.9	4.8	5.7	7.2
125		2	2.5	3.1	3.7	4.4	5.4	6	7.4
140	2	2.2	2.8	3.5	4.1	4.9	6.1	6.7	8.3
160	2	2.5	3.2	4	4.7	5.6	7	7.7	9.5
180	2.3	2.8	3.6	4.4	5.3	6.3	7.8	8.6	10.7
200	2.5	3.2	3.9	4.9	5.9	7.3	8.7	9.6	11.9
255	2.8	3.5	4.4	5.5	6.6	7.9	9.8	10.8	13.4

微灌用聚氯乙烯管材一般为灰色。为保证使用质量要求，管道内外壁均应光滑平整，无气泡、裂口、波纹及凹陷，管内径为40～200 mm的管道的挠曲度不得超过1%，不允许呈"S"形。管道同一截面的壁厚偏差δ不得超过14%。PVC-U管材有两种连接方式，一种为弹性密封圈连接，主要适用于φ63 mm以上的管材；另一种为黏结剂连接，主要适用于φ20～φ63 mm的管材。

聚乙烯管（PE管）有高压低密度聚乙烯管和低压高密度聚乙烯管两种。高压低密度聚乙烯管为半软管，管壁较厚，对地形适应性强，是目前国内微灌系统使用的主要管道；低压高密度聚乙烯管为硬管，管壁较薄，对地形适应性不如高压聚乙烯管。微灌用高压聚乙烯管材是由高压低密度聚乙烯树脂加稳定剂、润滑剂和一定比例的炭黑经制管机挤出成型，其密度为$0.92～0.94 \text{ g/cm}^2$，具有很强的抗冲击能力，重量轻，柔韧性好，耐低温性能强（-70℃），抗老化性能比聚氯乙烯管材好。但不耐磨，耐高温性能差（软化点为92℃），抗张强度较低。为了防止光线透过管壁进入管内，引起藻类等微生物在管道内繁殖，增强抗老化性能和保证管道质量，聚乙烯管为黑色，外观光滑平整、无气泡、无裂口、无沟纹、无凹陷和无杂质等。管道同一截面的壁厚偏差δ不得超过14%。PE管一般采用热熔连接（图3-8）。常见PE管道参数见表3-2。

图3-8 输水管网中的PE管道（左）PE管道热熔机（右）

表3-2 常见PE管道参数

公称外径	0.6MPa 壁厚（mm）	0.8MPa 壁厚（mm）	1.0MPa 壁厚（mm）	1.25MPa 壁厚（mm）	1.6MPa 壁厚（mm）
32					3.0
40					3.7
50					4.6
63				4.7	5.8
75			4.5	5.6	6.8
90		4.3	5.4	6.7	8.2
110	4.2	5.3	6.6	8.1	10.0
125	4.8	6.0	7.4	9.2	11.4
140	5.4	6.7	8.3	10.3	12.7
160	6.2	7.7	9.5	11.8	14.6
180	6.9	8.6	10.7	13.3	16.4
200	7.7	9.6	11.9	14.7	18.2
225	8.6	10.8	13.4	16.6	20.5

使用方法及注意事项如下。

（1）根据水力计算选择适宜压力等级的管材，并不是越厚越好。

（2）注意项目区的冻土层深度，在永久性冻土或季节性冻土地层中，管顶埋深应在冰冻线以下；在道路下管顶埋深不宜小于1.0 m；在人行道下，公称外径大于63 mm时，埋深不宜小于0.75 m；公称外径不大于63 mm时，埋深不宜小于0.5 m。

（3）外观无孔隙、无缺陷、无裂口及其他影响性能的缺陷。

（4）管沟的挖掘须依照管线设计线路正直平整施工，不得任意偏斜曲折，当管线必须弯曲时，其弯曲角度应按照管道每一承口允许弯折的角度（一般为2°以内）进行。

（5）管道黏结时必须将管端外侧和承口内侧擦拭干净，涂抹黏结剂时，应先涂承口内侧，后涂插口外侧，涂抹承口时应顺轴向由里向外涂抹均匀、适量，不得漏涂或涂抹过量。黏结管道时不得在雨中或水中施工，且不宜在5℃以下操作。

（6）公称外径大于90 mm，采用黏结剂连接的管道，管道在水平或垂直转弯处、改变管径处、三通四通端头和阀门处，均应设置镇墩。

（7）管道试压，试验压力为设计工作压力的1.5倍，但不低于0.35 MPa，保持试验试压2 h，当压降0.02 MPa时，向管内补水，记录为保持试验压力所增补水量的总值，若漏水量不超过规范允许漏水量时，则认为试验管段承受了强度试验。

（8）管道铺设的同时，用符合要求的原土回填管道的两肋（回填土中不得含大量有机物、冻土、砖块及粒径大于20 mm的石子），采用人工回填，分层轻轻夯实，分层0.1 ~ 0.15 m，直至回填到管顶以上至少0.1 m处。管道接口前后0.2 m范围内不得回填，以便观察试压时的渗漏情况。管道试压合格后的大面积回填宜在管道内充满水但无压的情况下进行，回填时，要从管的两侧同时回填，机械不得在管道上行驶，管顶30 cm以内回填土采用轻夯夯实，管顶30 cm以上至地面回填土采用分层灌水法使其密实度达到要求。

（9）管道维修，如发现管道破裂应切除全部损坏的管段，插入相同长度的直管段，插入管与管道两端可采用套筒式活接头等管件与管道柔性连接，在连接前先将管件套在连接处的管端上，待新管道就位后将连接管件平移到位。管道上弯头、三通等管件破坏时，应切除管件及其连接的直管段。切除的直管段不宜小于0.5 m。插入新管件时，应与配套直管连接合格后整装放入，在直管段之间可用套筒式活接头等管件连接。

（三）田间首部

田间首部主要包括施肥器和过滤器。施肥器主要类型有文丘里施肥器、比例施肥器、压差式施肥罐、施肥机；过滤器主要类型有网式过滤器和叠片过滤器（图3-9）。

文丘里施肥器　　　　　比例施肥器　　　　网式过滤器　　　　　　叠片过滤器

图3-9　田间首部常见的施肥器与过滤器

使用方法及注意事项如下。

（1）选择过滤器是滴灌成功的先决条件，常用的过滤器有砂石分离器、介质过滤器、网式过滤器和叠片过滤器。前两者做初级过滤用，后两者做二级过滤用。过滤器有很多的规格，过滤器及其组合的选择主要由水质决定。

（2）安装时要注意安装方向。一般过滤器都标注有水流方向，安装时在过滤器与管道连接处加装活接，便于维修更换。

（3）选择文丘里施肥器时应根据灌溉小区流量选择接口大小合适的文丘里，注意安装方向（短进长出），安装时在过滤器与管道连接处加装活接，便于维修更换。

（4）施肥设备在施完肥后应将两个调节阀关闭，并将罐体冲洗干净，在施肥装置后应加装一级网式过滤设备，以免将不完全溶解的肥料带入系统中，造成灌溉设备的堵塞。

比例施肥器安装示意图见图3-10。

（四）田间管网

田间管网主要是连接输水管网与田间灌水器的通道，通常用PE管，可

图3-10　田间首部比例施肥器安装示意图

采用PE管件机械连接（锁紧型）或承插式连接。各类PE管件见图3-11。

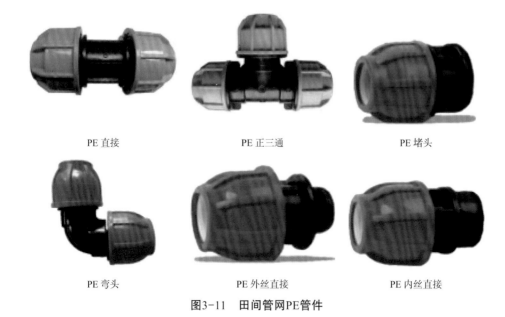

| PE 直接 | PE 正三通 | PE 堵头 |

| PE 弯头 | PE 外丝直接 | PE 内丝直接 |

图3-11　田间管网PE管件

注意事项如下。

（1）根据水力计算选择压力等级适宜的PE管道。

（2）铺设时应尽量顺直，防止弯折。

（3）连接时要注意连接部件（胶垫、内衬，卡环、外丝）顺序，拧紧防止漏水。

（4）在PE管道上打孔时应沿参考线在一个方向打孔。

（5）注意冬季放空管道，防止冻裂。

（五）灌水器

灌水器是利用压力系统按照作物需水要求，通过配水管道系统将作物生长所需水肥均匀准确地直接输送到作物根部的土壤表面或土层中，使作物根部的土壤经常保持在最佳水肥状态的设备。滴灌系统的灌水器主要有滴头、滴灌带、滴灌管、微喷头等。

滴头是通过流道或孔口将毛管中的压力水变成滴状或细流状的装置。流量一般不大于12 L/h。主要类型有压力补偿型滴头、管上滴头、内镶滴头、片式内镶滴头、柱状内镶滴头等（图3-12）。

可拆卸滴头　　　　　流量可调滴头　　　　压力补偿滴头（倒钩）　　压力补偿滴头（平口）

图3-12　常见灌水器滴头

使用方法及注意事项如下。

（1）滴头的流道较小容易堵塞，对水质要求较高，必须安装过滤器，工作压力50~400 kPa。

（2）一般布置在12~16 mm的盲管上，根据作物种植及需水量情况选择流量合适的滴头。

（3）采用压力补偿式滴头时可适当增加铺设长度。

（4）一般用于果树等种植间距较大、需水量大的作物。

喷头是喷灌的专用设备，是喷灌系统的重要部件，其作用是将有压力的集中水流通过喷头孔嘴喷洒出去，在空气或粉碎装置的阻力作用下，将水分散成细小的水滴，均匀地喷洒在田间。常见灌水器喷头见图3-13。

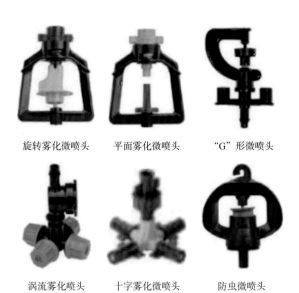

旋转雾化微喷头　　　平面雾化微喷头　　　"G"形微喷头

涡流雾化喷头　　　十字雾化微喷头　　　防虫微喷头

图3-13　常见灌水器喷头

使用方法及注意事项如下。

（1）针对不同的作物选择不同流量的微喷头。

（2）一般适用于蔬菜、草坪等矮生作物。

（3）布置时注意布置方式，确保灌溉不留死角。

（六）滴灌带（管）

常用的滴灌带有边缝式滴灌带和内镶贴片式滴灌带，常用的滴灌管是柱式内镶滴灌管（图3-14）。滴灌带根据作物种类、土壤性质等综合因素进行选择。大田作物和蔬菜可选用流量0.5～1.0 L/h、工作压力0.3 kg左右的滴头或滴灌带，果树可选用流量2～4 L/h、工作压力1 kg左右的滴头或滴灌带。常用的滴灌管（带）参数见表3-3。

边缝式滴灌带　　　　　　内镶贴片式滴灌带　　　　　　内镶柱式滴灌管

图3-14　常见滴灌带（管）

表3-3　常用的滴灌管（带）参数

直径（mm）	壁厚（mm）	滴头间距（mm）	滴头流量（L/h）
12	0.6～0.8	15～30	1.38～2
16	0.6～0.8	15～30	1.38～4
18	0.6～0.8	15～30	1.38～4
20	0.6～0.8	15～30	1.38～4

使用方法及注意事项如下。

（1）搬运时不能摔打或拖拽，防止造成滴灌带破损。

（2）铺设时沿作物种植垄铺设，根据种植间距选择滴头间距不同的滴灌带。

（3）压力要适中（一般为0.15 MPa），避免造成滴灌带破裂。

（4）铺设时应尽量平直顺畅，防止弯折影响过水。

（5）考虑支管和毛管允许水头分配（各50%）对极限铺设长度的影响。

（6）根据使用要求，不同壁厚的管材使用年限和价格差异较大。

（七）管件

滴灌系统田间管网的配件主要有旁通、直接、弯头、堵头等。主要安装工具打孔器分为滴灌旁通打孔器、滴箭和滴头打孔器、微喷打孔器等。常见的滴灌带管件见图3-15。

安装时注意事项如下。

（1）滴头和滴箭采用滴头打孔器（ø3），旁通阀采用旁通阀专用打孔器（ø8）。

（2）打孔时沿管道一侧打孔，便于布置管道。

（3）滴灌管连接部件采用倒刺，滴灌带连接部件采用拉环或丝扣连接。

（4）连接时针对不同设备必须使用专用配件，防止连接处脱落，造成水资源浪费。

| HV01 滴灌带旁通阀 | HV11 滴灌带旁通阀 | 5942 滴灌带旁通 | HV21 滴管直通阀 |

图3-15　常见滴灌带管件

第三节　水肥一体化系统运行常见问题

一、水肥类问题

（一）农谚"有收无收在于水"的科学道理

"有收无收在于水"，这句话形象地概括了作物对水的需求，以及水在农业生产中的作用和地位，有一定的科学道理，但概括的不全面。每一种作物从种到收，整个生育过程中每时每刻都需要水，而且有一定的需水规律，并不是水越多越好。在任何时候，当土壤中的水多于作物正常生长所需要水时，作物反而不能正常生长。当长期处于多水状态时，作物有可能因受浸或受涝而死。因此说作物离开水不行，水多了也不行。

（二）作物如何吸收水分

作物生长所需水分主要通过根系从土壤中吸收。不是全部根系都能吸水。作物水分吸收主要通过根尖部分进行，其中根毛区的吸水能力最大，根冠、分生区和伸长区较小。由于根系吸水主要在根尖部位进行，所以农田灌水应考虑作物大部分根尖的深度。

根系吸水的主要动力为根压和蒸腾拉力。根压是由于根系的生理活动使液流从根部上升的压力。根压把根部的水压到地上部位，土壤中的水便补充到根部，这就形成根系的吸水过程。蒸腾拉力即为叶片蒸腾时，气孔下腔附近的叶肉细胞因蒸腾失水而水势下降，根细胞从土壤中吸取水分。这种吸水是由蒸腾失水产生拉力所引起的根部被动吸水。蒸腾拉力是蒸腾旺盛时根系吸水的主要动力。大田作物绝大部分的水分吸收靠蒸腾拉力完成。

（三）滴灌过程中灌溉用量的控制

滴灌是给作物根系滴灌施肥，因此必须了解作物根系分布深度以及作物的需水规律。了解作物根系分布深度最简单的办法是用小铲挖开根层查看，也可直接了解土壤湿润的深度，判断灌溉是否过量，或者在地里埋设张力计，用于监控灌溉深度。

农民认为浇地必须"浇透"。所谓"浇透"指一次浇水后上部湿润土壤层必须与下部湿润土壤层相接。这种说法没有科学依据，因为作物在不同的生育阶段其根系层分布深度不同。一般情况下苗期根系较浅，中、后期根系才发育延伸到一定深度，所以浇地时，尤其是苗期根本不需要把地浇透。即使是生长旺盛时也没有必要一定把水浇透，只要满足作物根层深度的储水要求即可。

另外，在土壤不缺水的情况下，施肥要照常进行。具体操作是等停雨后或土壤稍干时进行，此时施肥速度要快，一般控制在30 min左右完成。施肥后不洗管，等天气晴朗后再洗管。如果条件允许可以用电导率仪监测土壤溶液的电导率，精确控制施肥时间，确保肥料不被淋溶。

（四）滴灌如何满足作物水分需求

目前为止，滴灌是最省水的一种先进灌溉技术，每个滴头均以水滴的形式将灌溉水送到植物根部。整个过程只需按设计人员拟定作业制度进行，完全可满足作物对水的需要。

在实际操作中，滴头流量有很多种选择，常见范围在1.0～10.0 L/h。滴头流量的选择主要由土壤质地决定。通常质地越黏重，滴头流量越小。滴灌过程中，滴头每秒的出水量虽然很小，但灌水时间长。以规格为2.3 L/h的滴头为例，若每株果树安排两个滴头，灌水时间为2.5 h，每株果树将得到11.5 L水，灌溉时间为5 h，每株果树将得到23 L水。

因此，滴灌可以通过延长灌溉时间和增加滴头数量来增加供水量，以满足作物在各种炎热气候下的水分需求。

（五）作物灌溉制度的制定

灌溉制度是指按作物需水要求和不同灌水方法制定的灌水次数、每次灌水的时间、灌水定额及灌溉定额的总称。灌水定额指单位灌溉面积一次灌水量或灌水深度。灌溉定额指作物播种前及全生育期单位面积的总灌水量或总灌水深度。

灌溉制度是根据作物各生育期需水量、降水量、地下水补给量等，经平衡计算确定。由于每年的降雨与干旱情况不同，灌溉制度也要每年更新。通常根据水文年制定出各种不同的灌溉制度，作为年初制定灌区配水计划的参考，具体执行时再根据实际降雨情况和作物生长情况做适当修改。

（六）滴灌对水质的要求

滴灌设备中滴头为精密部件，对灌溉水中的杂质粒度有一定的要求，粒度小于120目，才能保证滴头不堵塞。如果水源过滤措施和设备符合要求，井水、渠水、河水、山塘水等都可以用于滴灌。水源过滤设备是滴灌系统的核心部件，大多数滴灌系统不能正常工作，多数是因过滤设备不符合要求或疏于清洗过滤器引起的。

（七）微灌施肥制度的制定

施肥制度指合理施用肥料的一套施肥方案和施肥技术措施，具体包括氮磷钾比例、总施肥量及基肥、追肥的比例，这些应根据地块的肥力水平、种植作物的需肥规律及目标产量，确定合理的微灌施肥制度。由于微灌施肥技术和传统施肥技术存在显著的差别，微灌施肥的用肥量为常规施肥的50%～60%。整地前施入基肥，追肥次数和数量则按照不同作物生长期的需肥特性而确定，这样实施微灌施肥技术可使肥料利用率提高40%～50%。

（八）肥料浓度的控制

很多肥料本身是无机盐，当肥料浓度太高时会"烧伤"叶片或根系。控制肥料浓度最准确的办法是测定喷施的肥液或滴头出口的肥液的电导率。通常电导率在1.0～3.0 ms/cm范围即为安全浓度。另外，水溶性肥料稀释400～1 000倍，或每立方米水中加入1～3 kg水溶性复合肥喷施，这两种均是安全浓度。对于滴灌，由于存在土壤的缓冲作用，浓度可以稍高一些。

（九）微灌施肥系统的选择

不同的微灌施肥系统应当根据地形、水源、作物种类、种植面积等进行选择。果园一般选择微喷施肥系统，有条件的地方可以选择自动灌溉施肥系统，施肥装置一般选择注肥泵；大田经济作物栽培、露地瓜菜种植、保护地栽培一般选择滴灌施肥系统；施肥装置保护地一般选择压差式施肥罐、文丘里施肥器或注肥泵。

（十）滴灌肥料选择原则

水肥一体化的前提条件是肥料溶于水，因此施用的肥料必须完全可溶（不溶性杂质含量低于0.5%），与灌溉水的相互作用小，不能引起灌溉水pH值的剧烈变化，对灌溉系统腐蚀性小，且两种或两种以上肥料配施时，肥料之间的兼容性也必须考虑。另外，部分有机肥，如鸡粪、猪粪等沤腐后，采用三级过滤系统，先用20目不锈钢网过滤，再用80目不锈钢网过滤，最后用120目叠片过滤器过滤，取其滤清液即可使用。通过滴灌系统施用液体有机肥，不仅克服了单纯施用化肥可能导致的弊端，而且省工省事，施肥均匀，肥效显著。

（十一）滴灌施肥的具体操作

滴灌施肥操作有一定的顺序：先用清水进行湿润，再用灌溉肥料溶液，最后用清水清洗灌溉系统。施肥时要掌握剂量，控制施肥量，以灌溉流量的0.1%左右作为注入肥液的浓度。肥料的过量施用可能会使作物致死并污染环境。根据灌溉流量确定肥料注入量，如灌溉流量为750 m³/h，注入肥液应为750 L/h。施肥过程中，固态肥料需要与水混合搅拌成液态肥，要求肥料溶解并混匀，而施用液态肥料时不要搅动或混合，避免出现沉淀堵塞出水口等问题。

（十二）滴灌施肥的常用方法

根据滴灌系统布置，可以采用多种施肥方法，常用的有重力自压施肥法、泵吸肥法、泵注肥法、旁通罐施肥法、文丘里施肥法、比例施肥法等。

滴灌施肥需要注意以下几个主要问题。

1. 过量灌溉

滴灌施肥最担心的问题是过量灌溉。很多用户认为滴灌出水少，心里不踏实，所以延长灌溉时间。延长灌溉时间的一个后果是浪费水，另一后果是把不被土壤吸附的养分淋洗到根层以下，浪费肥料，特别是氮的淋洗。通常水溶复合肥料中含尿素、硝态氮，这两种氮源是最容易被淋洗掉。过量灌溉常常表现出缺氮症状，如叶片发黄，植物生长受阻。

2. 施肥后洗管

一般先滴水，等管道完全充满水后开始施肥，原则上施肥时间越长越好。施肥结束后要继续滴半小时清水，将管道内残留的肥液全部排出。许多用户滴肥后不洗管，最后在滴头处生长藻类及微生物，导致滴头堵塞。

二、设备类问题

（一）滴灌施肥系统的价格构成

滴灌施肥系统的造价主要由设计费、设备材料费、安装费三部分组成。具体价格取决于地形条件、高差、种植密度、土壤条件、水源条件、交通状况、施肥设备类型、系统自动化程度、材料型号规格、系统使用寿命、技术服务等级等因素。因此滴灌系统成本不固定。目前，根据国内的实际情况，滴灌系统亩成本400～1 500元不等。不管价格如何，其基本功能一致，即均匀出水和均匀施肥。

以果树为例，计算滴灌安装费用：高标准建设的滴灌系统造价在1 000元/亩左右，设计寿命为10年，折合每年成本为100元/亩。安装滴灌后，一方面可以节省肥料开支，按省肥30%计算，每年可节约开支30~50元/亩；另一方面可以增加产量和品质，从而增加收入，以增收10%计算，每年可增收120~800元/亩，上述尚未考虑人工成本和保障丰产等隐性价值。由此可见，果树安装滴灌十分划算，切勿因为滴灌一次性的投资大认为安装滴灌不经济。

（二）滴灌系统的使用年限

滴灌管有多种规格，壁厚从0.2 mm至1.2 mm不等。灌溉管越厚，抗机械损伤能力越强。此外，滴灌管都加有抗老化材料，在没有机械损伤的情况下，厚壁和薄壁滴灌管的使用寿命是一样的。很多薄壁滴灌带寿命短主要是机械破损，进而导致漏水。从机械破损的角度看，管壁越厚，寿命越长。不同作物及栽培方式对使用年限要求不同，一般栽培密度大的作物（如草莓）使用设计年限为1~3年较为经济合理，而栽培密度小的果树使用设计年限为8~10年的产品较为经济合理。显然，使用寿命长，一次性投入的成本相对较高。

聚乙烯（PE）配料本身的理化性质是易光氧化、热氧化、臭氧分解，在紫外线作用下容易发生降解，所以普通的PE管并不适合在露地使用，而滴灌专用的PE管材由于加入了抗老化剂，露地条件下使用寿命可达10年以上。

（三）滴灌工程的设计安装

滴灌系统的设计涉及水力、土壤、气候、作物栽培、植物营养等多方面的专业知识，通常用户自身掌握不了这么多专业知识，而专业设计安装队伍具有多年的设计经验，能够综合考虑各方面的因素，设计的滴灌系统具有一定的扩展性，既可以最大限度地减轻日后系统升级和维护的成本，又能确保滴灌系统的正常使用。

（四）滴灌毛管间距、滴头间距的确定

滴灌系统中毛管用量最大，可占总投入的30%~40%，因此要正确选用和布置。大田作物为减少毛管用量和工程造价，一般多采用移动式毛管，一条移动毛管的控制长度以10~20 m为宜，过大则灌水不及时；过小则造价增加。毛管长度一般为30~50 m，毛管工作点间距以80~100 cm为宜。滴头间距一般采用：大田作物50~100 cm，蔬菜30~50 cm，果树可绕树布置一周，小树4个，大树6~8个。

（五）适合安装滴灌的作物

单纯从技术角度上讲，所有的作物都可以安装滴灌，但衡量一个作物是否适合安装滴灌，主要从经济角度及作物的种植方式上进行评价。成行起垄栽培的作物、盆栽植物、山地的各种作物、经济林、药材等较适合使用滴灌。

目前滴灌作物推广面积最大的是棉花、马铃薯、玉米、葡萄、柑橘、香蕉、花卉、大棚蔬菜、甜菜等作物。

（六）蔬菜的灌溉形式

蔬菜的主要栽培模式有露地种植和设施（大棚）种植两种，采用的灌溉方式不同。露地种植蔬菜宜采用的灌溉形式有畦灌、沟灌、微喷灌、滴灌等；大棚种植蔬菜，由于水蒸气不易散发，使棚内湿度较大，容易引发病虫害，不宜采用地面明水灌溉，一般采用滴灌工程进行灌溉。

（七）果树的灌溉形式

果树有平原地区种植和山坡种植，同样，不同的种植地形采用的灌溉形式也不同。平原地区果树种植目前多采用漫灌、穴灌等形式，在水资源紧张的地区宜采用小管出流灌溉系统；而地形高差较大的山坡地上种植果树，可以采用滴灌，但要因地制宜，切实做好地形测量、滴灌设计、设备选择，稍有疏忽就可能失败。

（八）山地果园滴灌需要注意的问题

山地果园滴灌设计根据项目区的地形、地貌、作物种植模式、当地气候等多种因素确定，因此在滴灌过程中应注意以下几点。

1. 水池

为了节省开支，果园地形高差在15 m内的，安装滴灌一般不需要修建蓄水池，只要选择合适扬程和流量的水泵即可。对于地形高差在25 m以上的，最好在果园最高处修建一个蓄水池，采用重力滴灌系统，较为省钱。

2. 压力补偿滴头

滴头分普通滴头和压力补偿滴头。普通滴头的流量是与压力成正比的，通常只能在平地上使用。而压力补偿滴头在一定的压力变化范围内可以保持均匀的恒定流量。山地果园、茶园或林木区往往存在不同程度的高差，用普通滴头会导致出水不均匀，通常表现为高处水少，低处水多。用压力补偿滴头就可以解决这个问题。为了保证管道各处的出水均匀一致，地形起伏高差大于3 m时，就应该使用压力补偿滴头。

第四节　水肥一体化技术操作规程

一、冬小麦水肥一体化技术规程

（一）范围

本标准规定了基于麦田微灌和畦灌的水肥一体化管理技术规程。

本标准适用于冬小麦水肥管理。

（二）规范性引用文件

下列文件对于本文件的应用是必不可少的，凡是注日期的引用文件。仅所注日期的版本适用于本文件。凡是不注日期的引用文件，其最新版本（包括所有的修改单）适用于本文件。

GB 15063 复混肥料（复合肥料）

GB/T 17187 农业灌溉设备滴头和滴灌管技术规范和试验方法

GB 21633 掺混肥料（BB肥）

GB/T 28418 土壤水分（墒情）监测仪器基本技术条件

GB/T 50485 微灌工程技术规范

HG/T 3931 缓控释肥料

NY/T 525 有机肥料

NY 1107 大量元素水溶肥料

NY/T 1112 配方肥料

NY/T 1121.1 土壤检测第1部分：土壤样品的采集、处理和贮存

NY/T 1361 农业灌溉设备微喷带

SL/T 67.3 微灌灌水器——微喷头

SL 364 土壤墒情监测规范

SL 558 地面灌溉工程技术管理规程

（三）术语和定义

下列术语和定义适用于本文件。

1. 微灌

利用专门设备，将有压水流变成细小水流或水滴，湿润植物根区土壤的灌水方法，包括滴灌和微喷灌等。

2. 微灌系统

由水源、首部枢纽、输配水管网和微灌灌水器等组成的灌溉系统。

3. 畦灌

用土埂将耕地分隔成长条形的畦田，灌溉水从一端直接进入畦田，水流在畦田上形成薄水层并沿畦长方向向前移动，边流边渗，浸润土壤的灌溉方法。

4. 注肥器

将肥液注入灌溉系统的管道中或直接注入灌溉水流中，使肥液与灌溉水混合以随水施肥的一种装置。

5. 微灌水肥一体化

基于微灌方式的灌溉与施肥一体化综合管理技术。该技术使用注肥器将液体肥或固体可溶性肥料溶解后的肥液注入微喷灌、滴灌等微灌系统的输水管道中，使肥液与灌溉水充分混合，再通过微灌灌水器将肥水喷洒在作物地上部植株体上或施入作物根部土壤。

6. 畦灌水肥一体化

基于畦灌方式的灌溉与施肥一体化综合管理技术。该技术在首部或畦田进水口处使用注肥器将液体肥或固体可溶性肥料溶解后的肥液注入灌溉水流中，使肥液与灌溉水充分混合，并沿畦长方向随水流向前移动、边流边渗，施入作物根部土壤。

（四）微灌水肥一体化

1. 微灌系统

（1）微灌系统的水源、首部、输配水设备、微灌灌水器等应符合CB/T 50485的要求。

（2）采用的微喷头应符合SL/T 67.3的要求。工作时微喷头压力为0.15～0.25 MPa，流量不大于250 L/h。由微喷头参与组成的微灌系统分为固定式、半固定式和移动式。固定式和半固定式微灌系统的微喷头安装在支管上，支管沿小麦种植行布置，同一条支管上微喷头间距为喷头喷洒半径的0.8~1.2倍，支管间距为喷头喷洒半径的1~1.5倍。微喷头安装的高度应超过作物最大株高0.5 m左右。

（3）采用的微喷带应符合NY/T 1361的要求。最小喷射角70°左右，最大喷射角85°左右。工作时微喷带压力为0.08~0.12 MPa，流量为80~120 L/（m·h）。微喷带应沿小麦种植行向铺设，铺设间距1.5~1.8 m；当管径为51 mm左右时，铺设长度≤80 m。

（4）采用的滴灌带应符合GB/T 17187的要求，管径为15~20 m，滴孔间距为15~20 cm。工作时滴灌带压力为0.05~0.1 MPa，流量为1.5~2.0 L/h。滴灌带应沿小麦种植行向铺设，铺设间距40~60 cm，铺设长度不超过60 m。

（5）为防止灌溉水和肥液中的杂质堵塞微灌水器的出水孔，需要在微灌系统的首部安装过滤器。含有机污物较多的水源宜采用砂石过滤器，含沙量大的水源宜采用离心过滤器，砂石过滤器和离心过滤器必须与筛网过滤器配合使用。过滤器的孔径要根据所用灌水器的类型及流道断面大小而定。微喷要求80~100目过滤，滴灌要求100~150目过滤。

2. 施肥装置

（1）施肥装置应具有溶肥和注肥功能。

（2）施肥装置可安装于微灌系统首部与干管相连组成水肥一体化系统，亦可安装于下游，与支管或毛管相连组成水肥一体化系统，以便于对土壤肥力和干旱程度存在明显空间差异的地块实施区域和精准的水肥管理。电动注肥装置输出肥液的压力和流量，应根据其所连接的干管、支管或毛管的水压、流量、灌区面积、计划灌水量和计划施肥量确定。施肥装置的安装与维护应符合GB/T 50485的要求。

3. 微灌节水灌溉方案

（1）土壤体积含水率的测定。于小麦播种前1 d或当天，参照GB/T 28418和SL 364，选用适宜的土壤水分测定方法，测定田间地表下0~20 cm和20~40 cm土层土壤体积含水率。

（2）播种期土壤贮水量的计算。

播种期0~100 cm土层土壤贮水量按公式（1）计算：

$$S_s = 7.265\theta_{v\text{-}0\text{-}40} + 100.068 \tag{1}$$

式中：

S_s ——播种期0～100 cm土层土壤贮水量（mm）；

$\theta_{v\text{-}0\text{-}40}$——播种期0～40 cm土层土壤体积含水率（$v/v$，%）。

（3）播种期需补灌水量的确定。

当$\theta_{v\text{-}0\text{-}20}>70\%$且$S_s>317$ m时，无须补灌。

当$\theta_{v\text{-}0\text{-}20}>70\%$且$S_s\leqslant317$ m时，按公式（2）计算需补灌水量：

$$I_s = 317 - S_s \tag{2}$$

式中：

I_s——播种期需补灌水量（mm）；

S_s——播种期0～100 cm土层土壤贮水量（mm）。

当$\theta_{v\text{-}0\text{-}20}\leqslant70\%$时，按公式（3）计算需补灌水量：

$$I_s = 2 \times (FC_{v\text{-}0\text{-}20} - \theta_{v\text{-}0\text{-}20}) \tag{3}$$

式中：

I_s ——播种期需补灌水量（mm）；

$FC_{v\text{-}0\text{-}20}$——0～20 cm土层土壤田间持水率（$v/v$，%）；

$\theta_{v\text{-}0\text{-}20}$ ——0～20 cm土层土壤体积持水率（v/v，%）；

（4）播种至越冬期主要供水量的计算。

播种至越冬期主要供水量按公式（4）计算：

$$WS_{sw} = S_s + P_{sw} + I_s \tag{4}$$

式中：

WS_{sw}——播种至越冬期主要供水量（mm）；

S_s ——播种期0～100 cm土层土壤贮水量（mm）；

P_{sw} ——播种至越冬期有效降水量（mm）；

I_s ——播种期补灌水量（mm）。

（5）越冬期需补灌水量的确定。

$WS_{sw}\geqslant326.8$ mm时，无须补灌。

$WS_{sw}<326.8$ mm时，按公式（5）计算需补灌水量：

$$I_w=326.8-WS_{sw} \tag{5}$$

式中：

I_w ——越冬期需补灌水量（mm）；

WS_{sw}——播种至越冬期主要供水量（mm）。

（6）播种至拔节期需补灌水量的计算。

播种至拔节期需补灌水量（不包括播种期灌水量）按公式（6）计算：

$$SI_{sj}=-7.085 \times 10^{-6}Y_{sj}^2+0.066Y_{sj}-89.748 \tag{6}$$

式中：

SI_{sj}——播种至拔节期需补灌水量（不包括播种期灌水量）（mm）；

Y_{sj} ——依据播种至拔节期自然供水条件，按公式（7）预测的冬小麦籽粒产量（kg/hm²）；

$$Y_{sj}=35.77S_{sj}+6.831P_{sw}+10.103P_{wj}-5\,250.452 \tag{7}$$

式中：

S_{sj} ——播种期主要供水量（$S_{sj}=S_s+I_s$，mm）；

P_{sw} ——播种至越冬期有效降水量（mm）；

P_{wj} ——越冬至拔节期有效降水量（mm）。

（7）拔节期需补灌水量的确定。

拔节期需补灌水量按公式（8）计算：

$$I_j=SI_{sj}-I_w \tag{8}$$

式中：

I_j ——拔节期需补灌水量（mm）；

SI_{sj}——播种至拔节期需补灌水量（不包括播种期灌水量）（mm）；

I_w ——越冬期需补灌水量（mm）。

（8）播种至开花期需补灌水量的计算。

播种至开花期需补灌水量（不包括播种期灌水量）按公式（9）计算：

$$SI_{sa}=-0.022Y_{sa}+224.742 \tag{9}$$

式中：

SI_{sa}——播种至开花期需补灌水量（不包括播种期灌水量）（mm）；

Y_{sa}——依据播种至开花期自然供水条件，按公式（10）预测的冬小麦籽粒产量（kg/hm^2）：

$$Y_{sa}=35.776S_{si}+6.831P_{sw}+10.103P_{wj}+10.064P_{ja}-5\,250.452 \qquad （10）$$

式中：

S_{si}——播种期主要供水量（$S_{si}=S_{ss}+I_{ss}$，mm）；

P_{sw}——播种至越冬期有效降水量（mm）；

P_{wj}——越冬至拔节期有效降水量（mm）；

P_{ja}——拔节至开花期有效降水量（mm）。

（9）开花期需补灌水量的确定。

开花期需补灌水量按公式（11）计算：

$$I_a=SI_{sa}-I_w-I_j \qquad （11）$$

式中：

I_a　　——开花期需补灌水量（mm）；

SI_{sa}——播种至开花期需补灌水量（不包括播种期灌水量）（mm）；

I_w　　——越冬期补灌水量（mm）；

I_j　　——拔节期补灌水量（mm）。

4. 施肥方案

（1）施肥原则。有机肥与化肥配施：在试验的基础上依据土壤质地、耕层主要养分含量和目标产量确定施肥配方；根据冬小麦需肥规律确定基肥与追肥的比例及追肥时间。

（2）施肥时期和数量。仅秸秆还田不使用有机肥的地块，氮、磷、钾化肥的施用时期和数量根据土壤质地、耕层主要养分含量和目标产量确定。麦田耕层养分含量分级按照表3-4执行。不同土壤质地、耕层养分级别和目标产量麦田的施肥方案按表3-5执行。

连续3年以上施用腐熟好的鸡粪等有机肥或优质商品有机肥7 500 ~ 15 000 kg/hm^{2}的地块，可在表3-5规定施肥量的基础上减少氮素化肥总施用量20% ~ 50%，减少磷素和钾素化肥总用量30% ~ 50%。

表3-4　麦田耕层养分含量分级

养分级别	有机质含量（g/kg）	全氮含量（g/kg）	碱解氮含量（mg/kg）	有效磷含量（mg/kg）	速效钾含量（mg/kg）
Ⅰ	>20	>1.5	>120	>40	>150
Ⅱ	15~20	1.0~1.5	75~120	20~40	120~150
Ⅲ	10~15	0.75~1.0	45~75	10~20	80~120
Ⅳ	<10	<0.75	<45	<10	<80

表3-5　麦田分类施肥参考规定量

土壤质地	养分级别	目标产量（kg/hm²）	N 总量（kg/hm²）	N B:J:A	P₂O₅ 总量（kg/hm²）	P₂O₅ B:J:A	K₂O 总量（kg/hm²）	K₂O B:J:A
N、R	Ⅰ	9 000~10 500	192~240	5:5:0	90~120	10:0:0	90~120	5:5:0
N、R	Ⅱ	9 000~10 500	240	5:5:0	120~150	10:0:0	120~150	5:5:0
N、R	Ⅰ	7 500~9 000	150~192	5:5:0	60~90	10:0:0	0~60	0:10:0
N、R	Ⅱ	7 500~9 000	192~240	5:5:0	90~120	10:0:0	45~90	5:5:0
N、R	Ⅲ	7 500~9 000	240	5:5:0	120	10:0:0	90~120	5:5:0
S	Ⅱ	9 000~10 500	240	5:3:2	120~150	5:5:0	120~150	5:3:2
S	Ⅱ	7 500~9 000	192~240	5:5:0	90~120	5:5:0	90	5:5:0
S	Ⅲ、Ⅳ	7 500~9 000	240	5:5:0	120~150	10:0:0	90~120	5:5:0
S	Ⅲ	6 000~7 500	192~210	5:5:0	60~90	10:0:0	60~90	10:0:0
S	Ⅳ	6 000~7 500	210~240	5:5:0	90~120	10:0:0	90~120	10:0:0

注：N代表黏土，R代表轻壤土、中壤土和重壤土，S代表沙壤土；B：J：A为基肥：拔节肥：开花肥。

（3）施肥方式和方法。

①基肥。有机肥全部作基肥施用，于播种前撒施后立即耕作翻埋。所用有机肥料应符合NY/T 525—2021的规定。

基施化肥可选用氮磷钾三元复合肥、配方肥、缓控释肥和掺混肥料等。所用复合肥应符合GB 15063的规定，所用配方肥应符合NY/T 1112的规定，所用缓控释肥应符合HG/T 3931的规定，所用掺混肥料应符合GB 21633的规定。

提倡种肥同播，采用具有化肥深条施或按比例分层条施功能的播种机械实施，化肥深条施技术要求每间隔两行小麦深条施一行化肥，条施间距40～60 cm；条施深度8～10 cm。按比例分层条施技术要求每间隔两行小麦条施一行化肥，间距40～60 cm；化肥条施在8 cm、16 cm和24 cm土层深处，三者的比例为1∶2∶3或1∶2∶1。

②追肥。选用可溶性常规固体肥料或水溶肥料或有机液体肥料，水溶肥料应符合NY 1107的规定。

使用与微灌系统相配套的溶肥和注肥机械，在需要灌水和追肥的时期，通过以下步骤完成水肥一体化操作。

a）根据田块大小计算所需的肥料用量。

b）将固体肥料分次或一次性溶解制成肥液，液体肥料需要稀释的则稀释后备用。

c）待1/3的灌水量灌入田间后再行注肥，注肥时间约占总灌水时间的1/3，注肥流量根据肥液总量和注肥时间确定注肥。注肥完毕后，继续灌水直至达到预定灌水量。

某生育时期水分充分不需要灌水，但需要追肥时，应在该时期增灌10 mm，以随水追肥。

（五）畦灌水肥一体化

1. 畦灌工程

畦灌工程管理和节水灌溉的畦田规格等应符合SL 558的要求。

2. 施肥装置

（1）施肥装置应具有溶肥和注肥功能。

（2）田间配水工程为管道配水，且输水管可直达畦田进水口的，施肥装置可安装于首部与干管相连组成水肥一体化系统；田间配水工程为渠道配水的，则应采用便携式施肥装置，将其放置于畦田进水端，在畦田进水口处将肥液注入灌溉水中。

3.畦田节水灌溉方案

（1）灌水时期的确定。

①播种期。对于地表易板结不适合播种后立即灌水的麦田，应于土壤耕作前5～7 d，按照NY/T 1211.1和SL 364规定的方法测定0～20 cm土层土壤质量含水率（θ_{m-0-20}，m/m，%），用公式（12）计算土填耕作前0～20 cm土层土壤相对含水率（θ_{r-0-20}，%）。当θ_{r-0-20}>75%时，无需补灌；当θ_{r-0-20}≤75%时，于耕作前3～5 d及时实施畦灌。

$$\theta_{r-0-20}=\theta_{m-0-20}\div FC_{m-0-20}\times100\% \qquad （12）$$

式中：

θ_{r-0-20} ——0～20 cm土层土壤相对含水率（%）；

θ_{m-0-20} ——0～20 cm土层土壤质量含水率（m/m，%）；

FC_{m-0-20}——0～20 cm土层土壤田间持水率（m/m，%）。

土壤耕作前没灌水的麦田，应于小麦播种1～2 d，按照NY/T 1121.1和SL 364规定的方法测定0～20 cm土层土壤质量含水率（θ_{m-0-20}，m/m，%）。

用公式（12）计算播种期0～20 cm土层土壤相对含水率（θ_{r-0-20}，%）。当θ_{r-0-20}>70%时，无须补灌；当θ_{r-0-20}≤75%时，于播种后期及时实施畦灌。

②越冬期。在日平均气温下降至2℃左右、表层土壤夜冻昼消时，按照N/T 1121.1和SL 364规定的方法测定0～20 cm土层土壤质量含水率（θ_{m-0-20}，m/m，%）。用公式（12）计算越冬期0～20 cm土层土壤相对含水率（θ_{r-0-20}，%）。当θ_{r-0-20}>60%时，无须补灌；当θ_{r-0-20}≤60%时，及时实施畦灌。

③拔节期。在小麦拔节初期，按照NY/T 1121.1和SL 364规定的方法测定0～20 cm土层土壤质量含水率（θ_{m-0-20}，m/m，%），用公式（12）计算拔节初期0～20 cm土层土壤相对含水率（θ_{r-0-20}，%）。当θ_{r-0-20}>70%时，无需补灌；当θ_{r-0-20}≤50%时，及时实施畦灌。

当小麦拔节初期50%<θ_{r-0-20}≤70%时，暂不灌溉，于拔节后10 d，按照NY/T 1121.1和SL 364规定的方法测定0～20 cm土层土壤质量含水率（θ_{r-0-20}，m/m，%）。用公式（12）计算拔节后10 d的0～20 cm土层土壤相对含水率（θ_{r-0-20}，%）。当θ_{r-0-20}>70%时，无须补灌；当θ_{r-0-20}≤70%时，及时实施畦灌。

④开花期。在小麦完花期，按照NY/T 1121.1和SL 364规定的方法测定

$0\sim20$ cm土层土壤质量含水率（θ_{m-0-20}，m/m，%）。用公式（12）计算完花期 $0\sim20$ cm土层土壤相对含水率（θ_{r-0-20}，%）。当$\theta_{r-0-20}>50\%$时，无须补灌；当 $\theta_{r-0-20}\leqslant50\%$时，及时实施畦灌。

（2）灌水量的确定。畦灌灌水量根据畦田规格、土壤渗透系数、入畦流量和改口成数估算。灌水定额$40\sim75$ m^3。畦田节水灌溉的入畦流量和改口成数参照SL 558的规范实施。

4. 施肥方案

（1）施肥原则、施肥时期和数量。畦灌水肥一体化的施肥原则、施肥时期和数量参照微灌水肥一体化的规范实施。

（2）施肥方式和方法。

①基肥。畦灌水肥一体化的基肥施用方式和方法参照微灌水肥一体化的规范实施。

②追肥。选用可溶性常规固体肥料或水溶肥料或有机液体肥料。水溶肥料应符合NY 1107的规定。

使用与畦灌相配套的溶肥和注肥机械或便携式施肥装置，在需要灌水和追肥的时期，通过以下步骤完成水肥一体化操作。

a）根据畦田规格、土壤渗透系数、入畦流量和改口成数确定灌水定额。

b）根据灌水定额和实际入畦流量计算灌水持续时间。

c）根据田块大小计算所需的肥料用量。

d）将固体肥料分次或一次性溶解制成肥液，液体肥料需要稀释则稀释后备用。

e）根据肥液总量和灌水持续时间确定注肥流量。注肥开始和结束的时间与灌水开始和结束的时间同步。

某生育时期土壤水分充分不需要灌水，但需要追肥，可趁雨撒施肥料。也可选择适宜农机进地作业的时机，用机械划沟将肥料深条施。每间隔两行小麦条施一行化肥，条施间距$40\sim60$ cm，条施深度$8\sim10$ cm。

二、夏玉米水肥一体化栽培技术规程

（一）品种选择

选择耐密、株型紧凑、茎秆坚韧、抗逆性强、脱水快，适宜机械化收获的高产玉米品种。精选后的种子，要求种子纯度≥98%，发芽率≥90%，净度≥98%，含水量≤13%。

（二）种子处理

选用经过包衣处理的商品种子。若种子没有包衣，可选用5.4%吡·戊玉米种衣剂包衣，或使用70%吡虫啉悬浮种衣剂拌种。控制苗期灰飞虱、蚜虫、粗缩病、丝黑穗病和纹枯病等。选择高效低毒无公害的三唑酮、福美双、戊唑醇等药剂拌种，可以减轻玉米丝黑穗病的发生，用辛硫磷等药剂拌种，防治地老虎、金针虫、蝼蛄、蛴螬等地下害虫。

（三）麦茬处理

免耕残茬覆盖，小麦收获时，采用带秸秆切碎（粉碎）的联合收获机，留茬高度≤15 cm，秸秆切碎（粉碎）长度≤10 cm，秸秆切碎（粉碎）合格率≥90%，并均匀抛撒，残茬覆盖率≥85%。

（四）播种与滴灌管铺设

1. 播种

小麦收获后，及时抢茬播种。6月10—15日为最佳播种时间。适期适量足墒播种，可采用等行或大小行播种，等行距一般应为60 cm，大小行时，大行距应为80 cm，小行距为40 cm。采用精量单粒播种，播深3～5 cm，根据品种特性选择适宜种植密度，紧凑型品种种植密度为每亩5 000～5 500株，平展大穗型品种种植密度为每亩4 000～4 500株。

2. 播种机具

免耕播种可选择玉米免耕播种施肥联合作业机具，实现开沟、播种、施肥、覆土和镇压等联合作业；灭茬播种，可选择旋耕施肥播种机或条带旋耕施肥播种机（只旋耕播种带土壤）在麦茬地联合作业。

3. 滴灌管带铺设

播种时随播种机铺设滴灌管，等行距播种滴灌管铺设在苗带上，大小行播种滴灌管铺设在小行中间，大行间不设滴灌管。并注意检查，以保证滴灌管网正常运行。等行距模式采用一行一带，滴灌管铺设在苗带上，距离苗7～10 cm。大小行模式则将滴灌带铺在小行距中间。

（五）水肥管理

1. 水分管理

在足墒播种的情况下，苗期一般不需浇水，目的是控上促下，如遇干旱必须进行灌溉，苗期—拔节、拔节—扬花、扬花—灌浆中期、灌浆后期各阶段田间相对含水量分别保证60%、70%、75%和60%以上。灌溉方式采用管道和滴头形成滴灌，流量以每小时2 L为宜，孔距30 cm。如果遇上涝灾应及时排涝。玉米前期淹水时间不应超过0.5 d。生长中后期对涝渍敏感性降低，淹水不得超过1 d。

2. 肥料管理

施肥量：按照养分平衡法计算，即通过土壤检测了解土壤中的各种速效养分含量，再按目标产量来计算施肥量。滴灌水肥一体化条件下建议每生产100 kg籽粒施用氮（N）2.5 kg、磷（P_2O_5）1 kg、钾（K_2O）2 kg计算；氮、磷、钾的肥料利用率分别按照80%、60%、80%来计算，施肥量（kg/亩）=（作物单位产量养分吸收量×目标产量-土壤测定值×0.15×土壤有效养分校正系数）/（肥料养分含量×肥料利用率）。播种、玉米大喇叭口期、抽雄吐丝期、灌浆期施肥比例：氮肥为30%、40%、20%、10%；磷肥为40%、30%、20%、10%；钾肥为40%、40%、20%、0%；大喇叭口期水溶肥成分建议添加Mg≥0.5%、B≥0.1%、Zn≥0.1%。

（六）病虫草害防治

1. 防治原则

按照"预防为主，综合防治"的原则，合理使用化学防治。

2. 杂草防治

出苗前防治，可在播种时同步每亩均匀喷施40%乙·阿合剂200～250 mL，或33%二甲戊乐灵乳油0.1 L或72%异丙甲草胺乳油80 mL兑水750 L，在地表形成一层药膜。出苗后防治，可在玉米幼苗3～5叶、杂草2～5叶期每亩喷施4%烟嘧磺隆悬浮剂100 mL兑水750 L，也可在玉米7～8叶期使用灭生性除草剂30%草甘膦水剂每亩200～400 mL兑水定向喷雾处理。

3. 病虫防治

玉米生育期间主要病害有粗缩病、锈病等；虫害有二代黏虫、玉米螟、红蜘蛛、蓟马、玉米蚜、三代黏虫、玉米穗虫等。

粗缩病的防治：玉米苗期出现粗缩病的地块，要及时拔除病株，并根据灰飞虱虫情预测情况及时用25%噻嗪酮50 g/亩，在玉米5叶期左右，每隔5 d喷1次，连喷2~3次，同时用40%病毒A 500倍液或5.5%植病灵800倍液喷洒防治病毒病。

锈病防治：发病初期用25%三唑酮可湿性粉剂1 000~1 500倍液，或者用50%多菌灵可湿性粉剂500~1 000倍液喷雾防治。

苗期黏虫、蓟马的防治：黏虫可用灭幼脲、辛硫磷乳油等喷雾防治，蓟马可用5%吡虫啉乳油2 000~3 000倍喷雾防治。

玉米螟：在小口期（第9~10叶展开），用1.5%辛硫磷颗粒剂0.25 kg，掺细沙7.5 kg，混匀后于傍晚撒入心叶，每株1.5~2 g。有条件的地方，当田间百株卵块达3~4块时释放松毛虫赤眼蜂，防治玉米螟幼虫。也可以在玉米螟成虫盛发期用黑光灯诱杀。

（七）适期收获

1. 收获时间

根据玉米成熟度适时进行机械收获作业，提倡适当晚收。即籽粒乳线基本消失、基部黑层出现时收获，收获前一周将滴灌管收起，以利于机械化收获。收获后及时晾晒。

2. 作业要求

根据地块大小和种植行距及作业要求选择合适的联合收获机。玉米收获果穗，籽粒损失率≤2%，果穗损失率≤3%，籽粒破碎率≤1%，果穗含杂率≤3%，苞叶未剥净率<15%。玉米收获后，严禁焚烧秸秆，及时秸秆还田，还田作业应秸秆粉碎长度≤5 cm，切碎合格率≥90%，留茬高度≤8 cm，覆盖率≥80%。

三、花生水肥一体化技术操作规程

（一）产地环境

生产地必须避开公路主干线，远离污染源。产地区域内及上风向，灌溉水源上游没有对产地环境构成威胁的污染源，包括工业"三废"、农业废弃物、医院污水及废弃物、城市垃圾和生活污水等。土壤重金属背景值高的地区，与土壤、水源、环境有关的地方病高发区，不能选作为生产区域。

土壤以土质松软的沙土为宜、选择中等肥力以上、水源良好、排灌方便的地块。上茬作物以玉米、小麦等禾本科作物为宜，避免与豆科作物轮作。

（二）水肥一体化技术要求

1. 施肥系统组成

施肥系统由水源、首部枢纽、输配水管网、灌水器四部分组成。

（1）水源。包括地下水、库水、塘水、河水等，灌溉水质需符合《农田灌溉水质标准》（GB 5084—2021）要求。

（2）首部枢纽。首部枢纽包括水泵、过滤器、施肥器、控制设备和仪表等。

①水泵。根据水源状况及灌溉面积选用适宜的水泵种类和合适的功率。

②过滤器。井水作灌溉水源宜选用筛网过滤器或叠片过滤器。库水、塘水及河水作灌溉水源时要根据泥沙状况、有机物状况配备旋流水砂分离器和砂过滤器。

③施肥器。根据实际面积和施肥量多少选择压差式施肥罐、文丘里注入器或注肥泵。

④控制设备和仪表。系统中应安装阀门、流量和压力调节器、流量表或水表、压力表、安全阀、进排气阀等。

（3）输配水管网。输配水管网是按照系统设计，由PVC或PE等管材组成的干管、支管和毛管系统。干管宜采用PVC管，采用地埋方式，支管宜采用PE软管，毛管宜采用PE软管。滴头和毛管组成一个整体，兼备配水和滴水功能的滴灌管称为滴灌带。

花生种植方向是干管、支管、滴灌带分布的主导因素。滴灌带铺设走向与花生种植方向同向，支管与花生种植垂直，干管布设方向与花生种植方向平行。以干管为纲，呈"丰"字形或"梳子"形布设，支管在干管两侧布置力求对称，滴灌带在支管两侧布置力求对称，在坡地则要求上下坡支管、滴灌带长度不同，上坡短，下坡长，以使灌溉均匀。一般每垄两行花生中间铺设一条滴灌带。

（4）灌水器。灌水器宜采用滴灌带。滴头流量、间距以及滴灌带布设间距是影响滴灌效果的主要因素，应根据土壤质地、花生栽培方式、支管间距等因素合理选取。沙土地应选择流量为2.1～3.2 L/h、滴孔间距0.3 m的滴灌带；壤土地应选择流量为1.5～2.1 L/h、滴孔间距0.3～0.5 m的滴灌带；黏土地应选择流量为1.0～1.5 L/h、滴孔间距0.4～0.5 m的滴灌带。

2.肥料选择

（1）滴灌专用肥料。根据作物生育期选择不同配方的滴灌专用肥。

（2）常规肥料。尿素、硫酸铵、硝酸钙、硝酸铵钙、磷酸一铵、磷酸二氢钾、硫酸钾、硝酸钾等。

（3）水溶肥料。预溶解过滤后施用。

3.施肥系统使用

（1）使用前冲洗管道。使用前，用清水冲洗管道。

（2）施肥后冲洗管道。施肥后，用清水继续灌溉15 min。

（3）系统维护。每30 d清洗肥料罐1次，并依次打开各个末端堵头，使用高压水流冲洗干、支管道。按设备说明书要求保养注肥泵。大型过滤器的压力表出口压力低于进口压力0.6～1个大气压时清洗过滤器。小型单体过滤器每30 d清洗1次，水垢较多时可用10%的盐酸水溶液清洗。

（三）生产管理

1.种子及处理

（1）种子选择。选用通过国家或省级部门审（鉴、认）定或登记的花生品种。种子质量达到纯度≥98%，净度≥99%，发芽率≥95%，含水量≤13%。

（2）种子处理。播种前15 d，将种子荚果晾晒2 d。晾晒后对种子进行果选，去掉杂果、秕果、烂果；随后进行仁选，分级，去掉杂仁、秕仁、霉仁。选用籽粒饱满的籽粒备播。

2.整地与基肥

冬天深耕25～30 cm，每亩施用2 500～3 000 kg腐熟的农家肥作基肥。

早春土壤化冻6～7 cm时，顶凌耙压地要求耕匀耙细、土碎地平，上松下实。

3. 播种

5 cm地温稳定在15℃时，抢墒或造墒播种，要求土壤水分为田间最大持水量的60%~70%，即耕作层土壤手握能成团。采取机械播种，用覆膜播种机一次完成播种、喷施药剂、铺滴灌带、覆膜等多道工序。播种深播3~4 cm，每垄两行，行距30 cm，株距7~8 cm，垄距90 cm。每亩种植密度16 000~20 000株，保苗15 000~17 000株。覆膜选择厚度0.01 mm以上的聚乙烯地膜。膜下小垄上铺一条滴灌带，植株位于滴灌带两侧。

4. 田间管理

（1）及时破膜。播种5 d后，80%花生发芽拱土时，在10时以前或者16时以后，进行破膜，打孔5 cm左右，随后封土将地膜压实。

（2）查苗补苗。出苗后及时检查出苗情况，如发现烂种，及时催芽补种。催芽时采用30℃温水浸种4 h，取出后在20℃条件下催芽24 h，待种子露白2.5 cm时可用于补种。墒情不足时，需要坐水补种。

（3）划锄清棵。苗齐后及时在花生破膜处进行划锄，清除杂草，破除板结。

（4）调节生长。对于徒长的花生（花生下针期至结荚前期株高超过40 cm），采取人工去顶的方法，摘除花生主茎与主要侧枝的生长点，抑制生长，提高花生饱果率。

（四）水肥管理

1. 基肥

施足基肥，见整地与基肥小节。

2. 苗前期

每亩灌溉用水量90 m^3，用肥量：N 0.75 kg、P_2O_5 0.35 kg、K_2O 0.5 kg。

3. 始花期

每亩灌溉用水量75 m^3，用肥量：N 2.00 kg、P_2O_5 1.70 kg、K_2O 1.10 kg。根据需要，适当补充微量元素。

4. 结荚期

每亩灌溉用水量50 m^3，用肥量：N 4.00 kg、P_2O_5 3.20 kg、K_2O 2.70 kg。

5. 饱果成熟期

每亩灌溉用水量15 m³，用肥量：N 2.85 kg、P$_2$O$_5$ 1.65 kg、K$_2$O 0.2 kg、Ca 1.6 kg。

（五）病虫害防治

1. 防治原则

综合运用农业、物理、生物防治措施，创造不利于病虫草害滋生和有利于各类天敌繁衍的环境条件。优先采用农业措施，通过采用抗病抗虫品种、加强栽培管理、合理轮作等措施起到防治病虫草害的作用。

2. 病害防治

（1）褐斑病（早斑病）、黑斑病（黑疽病）。

①农业防治。轮作换茬。及时中耕除草，收集病残体或者落叶，集中处理。

②药剂防治。使用波尔多液200倍液叶面喷雾，根据病情每10～15 d喷1次药，连续喷2～4次，每次每亩喷药液50～75 L。

（2）网斑病。

①农业防治。选用抗病品种；轮作换茬；播种前一年冬季深耕；及时中耕除草，收集病残体或者落叶，集中处理。

②药剂防治。主茎叶片发病率达5%～7%时，每亩施用3%井冈霉素200 mL，兑水60～75 L叶面喷雾。

（3）根腐病。选用抗病品种；轮作换茬；播种前一年冬季深耕；病害严重地区整地时追施适量生石灰或者草木灰；雨季清沟排水降湿。

（4）黄曲霉。

①及时灌溉。荚果发育期间保证水分供给，避免收获前干旱造成的黄曲霉菌大量增加。

②保护荚果。盛花期中耕除草时，避免伤及荚果。不宜于结荚期和结荚充实期进行中耕除草。

③防治地下害虫。适时防治蛴螬和根腐病，降低病虫害对荚果的损害。

④适时收获晾晒。花生成熟期，在干旱或者缺乏灌溉的条件下，适当提前收获。收获后及时晒干荚果，将花生含水量控制在8%以下。

3. 虫害防治

（1）虫害监测。在掌握虫害发生规律的基础上，综合虫害情报和影响其发生的相关因子，对病虫害的发生期、发生量、为害程度等做出近期、中长期预报，并指导虫害防治。

（2）农业防治。

①轮作倒茬。与非寄主作物或不良寄主作物轮作，防治根结线虫等寄生虫病。

②冬耕灭蛹。前一年收获后实行冬耕深翻，消灭越冬蛹，降低虫口基数。

③堆肥腐熟。有机农家肥在使用前必须进行15～20 d充分的腐熟发酵，通过发酵过程中65℃以上的温度杀灭虫卵。

（3）物理防治。

①黄板诱杀。田间间隔挂黄板诱杀棉铃虫、蚜虫等，悬挂的适宜高度为植物顶端以上5～10 cm，每亩使用30块。

②诱杀成虫。每20 000 m² 内安装一盏频振式杀虫灯，夜间开灯诱杀金龟子、棉铃虫等。

（4）生物防治。在田间种植蓖麻，引诱金龟子取食中毒死亡，或使其麻醉后集中杀死。在棉铃虫产卵初盛期，释放赤眼蜂3～4次，每次15 000头。保护与利用异色瓢虫、大草蛉等有益生物，防治花生蚜虫。

（5）药剂防治。使用楝素、天然除虫菊素、白僵菌等药剂，作为合理耕作制度、田间管理技术和物理、生物防治技术的辅助或补充，防治花生虫害。

（六）采收

采用人工收获或者机械收获，人工摘果后晾晒。

（七）晾晒与储藏

花生晾晒时要及时清理出部分地膜、叶子、果柄、土坷垃等杂物。储藏仓库必须清洁卫生，有防鼠设施，并进行除虫处理，储前消毒，保持室内干燥。

四、马铃薯水肥一体化生产技术规程

（一）范围

本标准规定了马铃薯水肥一体化的播前准备、播种、田间管理、病虫害防控、收获等要求。

本标准适用于马铃薯水肥一体化栽培。

（二）规范性引用文件

下列文件对于本文件的应用是必不可少的。凡是注日期的引用文件，仅所注日期的版本适用于本文件。凡是不注日期的引用文件，其最新版本（包括所有的修改单）适用于本文件。

GB/T 8321（所有部分）农药合理使用准则

GB/T 17187—2009 农业灌溉设备 滴头和滴灌管 技术规范和试验方法

GB 18133 马铃薯种薯

NY/T 1276 农药安全使用规范　总则

NY/T 2624 水肥一体化技术规范　总则

NY/T 5010 无公害农产品种植业产地环境条件

（三）术语和定义

GB 18133和NY/T 2624界定的术语和定义适用于本文件。

（四）播前准备

1. 地块选择

选择地势高，土壤pH值为4.8～7.5，质地疏松、肥沃、土层深厚、灌排良好，与玉米、小麦等谷类作物轮作3年以上，不存在除草剂药害的地块。产地环境应符合NY/T 5010的要求。

2. 冬前深耕

于上冻前深耕土壤30 cm以上，深耕前撒施充分腐熟的土杂肥4～5 m³。

3. 种薯选择

选择"鲁引1号""双丰5号""中薯3号""中薯5号"等品种的G2或G3代优质脱毒种薯。种薯应符合GB 18133的规定。

4. 种薯处理

（1）晒种。播种前30 d种薯出库，晒种1～2 d，并剔除病烂薯块。

（2）杀菌。将22.4%氟唑菌苯胺悬浮剂10 mL或2.5%咯菌腈悬浮剂100 mL，兑水1 L均匀地喷施在100 kg种薯上，晾干药液后再切块。

（3）切块。种薯切块大小30 g左右，切块使用的刀具用75%的酒精或0.5%的高锰酸钾水溶液消毒，每人两把刀轮流使用，当用一把刀切种时，另一把刀浸泡于消毒液中，切一个马铃薯换一把刀，防止切种过程中传播病害。特别是切到病薯时，病薯淘汰，切刀立即消毒。

（4）拌种。种薯切块后进行拌种，先将70%甲基硫菌灵100 g+滑石粉3～4 kg充分拌匀，然后与100 kg刚切好的薯块均匀混合。

（5）催芽。薯块拌种后进行催芽。在阳畦或日光温室内，地表整平，均匀平铺一层薯块，然后覆土2 cm，再平铺一层薯块，依次类推，一般铺2～4层。土壤湿度保持在70%～75%，温度以18～20℃为宜，一般芽长1 cm左右，将薯块放在散射光下晾晒，变绿后再播种。

5. 整地施肥

播种前结合整地，每亩撒施氮磷钾复合肥（15-10-20）50 kg、硫酸锌1.2 kg、硼酸1 kg，根据土壤养分状况，有针对性的补充其他中微量元素肥料。

（五）播种

1. 播种时间

春季栽培，一般10 cm地温稳定在7～8℃时即可播种。

2. 播种方法

宜采用一垄双行方式播种。开宽15 cm左右，深7～8 cm的沟，沟距80 cm，每亩沟施三元复合肥（15-10-20）50 kg，与土混合，将薯块按"Z"形播于沟底两侧。沟内行距15 cm，株距36～40 cm，每亩定植4 200～4 600株。土传病害较重的地块，可每亩用25%嘧菌酯浮剂40 mL或24%噻呋酰胺悬浮剂100 mL，兑水50 L左右，播后喷于沟内。

3. 覆土

播后覆土12～14 cm（薯块到垄顶），土壤黏重地块适当浅覆土，土壤疏松地块适当深覆土，覆土后整平垄面。

4. 铺设滴灌设备

在垄面中间铺设滴灌管，每段滴灌管长度不宜超过80 m。滴灌设备应符合GB/T 17187—2009和NY/T 2624的规定。

5. 覆盖地膜

可选择人工或机械覆盖白色或黑白双色地膜。

（六）田间管理

1. 膜上覆土

出苗前（幼苗离地面约2 cm），在地膜表面覆盖层2 cm厚细土，马铃薯可自主出苗，宜采用机械覆土。

2. 水分管理

通过水肥一体设备进行灌溉，全生育期灌水8次左右，每亩总灌水量90 m³左右。根据土壤质地，每次灌水土壤湿润深度应控制在15 cm左右为宜。播后3~4 d，第一次灌溉，灌水量8 m³，保持土壤相对湿度50%左右，避免浇水过多而降低地温影响出苗，造成种薯腐烂，出苗后，第二次灌溉，灌水量8 m³，保持土壤相对湿度50%~60%。团棵期至封垄期，灌水2次，每次灌水量10 m³左右，保持土壤相对湿度60%~70%。以后每5~6 d灌溉1次，每次灌水量1~2 m³，保持土壤相对湿度70%~80%。收获前一周停止浇水。

3. 追肥

团棵期（植株4~5片叶），结合第三次灌溉，每亩追施尿素5 kg；封垄期，结合第四次灌溉，每亩追施高钾型水溶性肥料5 kg；10 d后膨大期，结合第六次灌溉，每亩追施高钾型水溶性肥料5 kg。施肥时，先滴清水30 min左右，然后加入肥料，最后再滴清水10 min以上，以防滴孔堵塞。

（七）病虫害防控

1. 防控原则

按照"预防为主，综合防治"的植保方针，实施生态调控为基础，优先采取物理防治、生物防治，结合科学使用化学农药的绿色防控。严格按照农药安全使用间隔期用药。农药使用应符合GB/T 8321和NY/T 1276的规定。

2. 农业防治

合理轮作，选用抗性品种，增施有机肥，合理密植，科学水肥。

3. 物理防治

采用杀虫灯、性诱剂、黄板等诱杀害虫。

4. 生物防治

保护天敌或释放天敌防治害虫。使用生防菌剂防治病害。

5. 化学防治

（1）晚疫病。现蕾期，可用75%代森锰锌水分散粒剂600倍液，或23.4%双炔酰菌胺悬浮剂每亩30~40 mL，喷雾预防。发病后，每亩可用687.5 g/氟吡菌胺·霜霉威悬浮剂50~75 g，或52.5%噁酮霜脲氰水分散粒剂35~45 g，或10%氟噻唑吡乙酮油悬浮剂5~10 mL，兑水30~45 L，喷雾防治。

（2）早疫病。发病前，可用75%代森锰锌水分散粒剂600倍液喷雾预防。发病后，可用250 g嘧菌酯悬浮剂或10%苯醚甲环唑水分散粒剂每亩30~40 g，兑水30~45 L，喷雾防治。

（3）蚜虫、烟粉虱。可用25%噻虫嗪水分散粒剂每亩4~6 g，或10%氟啶虫酰胺水分散粒剂35~50 g，兑水30~45 L，喷雾防治。

（八）收获

根据生长状况或市场需求及时收获。可采用人工或机械方式进行收获，收获时应避免暴晒、擦伤、冻害等损伤，薄膜、滴灌带应同时收起。

（九）生产档案

建立生产档案，对生产过程进行全程详细记录，生产档案要保存3年以上，以备查阅。

五、苹果水肥一体化技术规程

苹果水肥一体化技术规程主要包括水肥一体化模式、肥料种类选择、灌溉量、肥料施用量、施用时期和水肥一体化设施维护。

（一）水肥一体化模式

1. 重力自压式简易灌溉施肥模式

利用果园自然高差或者三轮车车厢贮水罐的高差，采用重力自压方式，将配好的肥水混合物溶液，通过铺设在果园的简易滴灌带系统滴入果树根系密集区域的一种供水施肥模式。适用范围果园面积为666.7~6 667 m^2。水源来自自来水、水窖或池塘水沟中富集的雨水等。

2. 加压追肥枪注射施肥模式

利用果园喷药的机械装置，改造成追肥枪即可。追肥时将要施入的肥料溶于水，药泵加压后用追肥枪注入果树根系集中分布层的一种供水施肥方式。适于干旱区域，果园面积小而地势不平、落差较大的区域。果园面积为666.7～3 333.5 m²，小规模果园。水源主要来自自来水、水窖或沟底池塘中富集的雨水。

3. 小型简易动力滴灌施肥模式

修建简易蓄水系统，配备手动或半自动过滤系统和加肥系统，田间铺设管道和滴头，通过动力水泵加压进行滴灌施肥。适用果园面积在20 001～133 340 m²。必须有稳定的水源供应，生产当中一般要求在果园内或周边有深水井。

4. 大型自动化滴灌施肥模式

除基本滴灌配置外，还需具备自动反冲洗过滤器、电磁阀、压力补偿滴头、远程控制系统、变频控制柜、自动施肥机或施肥泵等设备，结合气象站数据、土壤水分、溶液pH电导率检测系统等，进行分区自动灌溉施肥。适用大公司、投资较高、生产规模较大（133 340～666 700 m²）的基地。

（二）肥料种类选择

水肥一体化使用的肥料前提必须是杂质少、易溶于水、相互混合产生沉淀极少的肥料。一般肥料种类为：氮肥（尿素、硝酸铵钙等）、钾肥（硝酸钾、硫酸钾、磷酸二氢钾、氯化钾等）、磷肥（磷酸二氢钾、磷酸一铵、聚合磷酸铵等）、螯合态微量元素、有机肥（黄腐酸、氨基酸、海藻和甘蔗糖类等发酵物质等）。也可选用水溶性较好、渣极少的料浆高塔造粒复合肥、复混肥或直接选用液体包装肥料。

选用肥料养分成分需要多样化，最好结合地面覆盖，防止单一长期施用一种肥料，造成土壤酸化、盐渍化。一般固态肥料需要与水混合搅拌成液肥，必要时分离，避免出现沉淀等问题。

（三）灌溉量

依据当地水源充沛情况、土壤墒情和树龄、结果情况而定，一般每亩年灌溉量50～90 m³，灌溉水质一般应该符合无公害农业用灌溉水质标准，禁用污染水灌溉果园。果树生长前期维持在田间持水量的60%～70%，后期维持在田间持水量的70%~80%。大型果园可以安装土壤张力计、土壤水分监测系统、气象站等对土壤水分监测灌溉。

（四）肥料施用量

果树的施肥量依据土壤肥力、土壤水分、树体长势、留果量等因素不同而不一样。一般果园全年追肥量平均每生产100 kg果需追纯氮0.6~0.8 kg、磷（P_2O_5）0.3~0.5 kg、钾（K_2O）0.9~1.2 kg。亩产2 500~3 000 kg苹果园，一般推荐施氮18~23 kg、磷（P_2O_5）8~12 kg、钾（K_2O）25~30 kg。或根据以前的施肥量，土壤测试结果，逐年减少施肥量。推荐使用无机有机水溶肥综合配施或果园施有机基肥加水肥一体化的模式进行。一般灌溉水中养分浓度含量为维持在氮110~140 mg/L、磷（P_2O_5）40~60 mg/L、钾（K_2O）130~200 mg/L、Ca 120~140 mg/L、Mg 50~60 mg/L。

（五）施用时期

水肥一体化施肥灌溉施用时期及频率：灌溉施肥方案制定应依据少量多次和养分平衡原则。根据苹果各个生长时期需肥特点，全年分为以下几个关键时期进行多次施肥。花前肥，以萌芽后到开花前施肥最好。以氮为主，磷钾为辅，施完全年1/2以上的氮肥用量。坐果肥，果树春梢停长后进行，促进花芽分化。以磷氮钾均匀施入。此期的氮肥用量可根据新梢的生长情况来确定，新梢长度在30~45 cm可正常施氮肥，新梢长度不足30 cm则要加大氮肥的施肥量，新梢长度大于50 cm，则要减少氮肥的施用量。果实膨大肥，以钾肥为主，氮磷为辅。基肥：对于没有农家肥的果园，基肥也可以采用简易水肥一体化施肥方法进行施肥，具体时间在果树秋梢停长以后，进行第一次的施肥，间隔20~30 d再施1次。年灌溉施肥次数依据不同施肥模式不同，一般年施6~15次，以少量多次为好。

（六）设施维护

水肥一体化运行维护的关键首先是整个管道系统维持低的恒压，需要配置质量好的变频控制器、变频水泵，以维持整个灌溉系统稳定的压力供应。其次是整个滴灌系统防止堵塞问题，使用自清洁的压力补偿抗堵塞滴头，提高滴灌均匀度。每年定期对蓄水池清污。每年秋季或春季采用0.2%柠檬酸溶液对滴灌管道进行清洗。冬季上冻前，及时排放所有灌溉管道系统的水，防止冬季管道冻裂。

六、葡萄水肥一体化技术规程

（一）术语与定义

1. 水肥一体化

水肥一体化又称微灌施肥，是借助微灌系统，将微灌和施肥结合，以微灌系统中的水为载体，在灌溉的同时进行施肥，实现水肥一体化利用和管理，使水和肥料在土壤中以优化的组合状态供应给作物吸收利用。

2. 微灌

微灌是利用微灌设备组装成微灌系统，将有压水输送分配到田间，通过灌水器以微小的流量湿润作物根部附近土壤的一种局部灌水技术。

（二）产地环境

选择土层深厚、中等肥力以上、水源良好、排灌方便的地块。

（三）水肥一体化技术要求

1. 微灌施肥系统组成

微灌施肥系统由水源、首部枢纽、输配水管网、灌水器四部分组成。

（1）水源。包括地下水、库水、塘水、河水等。

（2）首部枢纽。

①水泵。根据水源状况及灌溉面积选用适宜的水泵种类和合适的功率。

②过滤器。井水作灌溉水源宜选用筛网过滤器或叠片过滤器。库水、塘水及河水作灌溉水源时要根据泥沙状况、有机物状况配备旋流水砂分离器和砂过滤器。

③施肥器。根据果园面积和施肥量多少选用自动搅拌式施肥器、压差式施肥罐、文丘里注入器或注肥泵。

④控制设备和仪表。系统中应安装阀门、流量和压力调节器、流量表或水表、压力表、安全阀、进排气阀等。

（3）输配水管网。输配水管网是按照系统设计，由PVC或PE等管材组成的干管、支管和毛管系统。干管宜采用PVC管或PE管，采用地埋方式，管径90~150 mm。支管宜采用PE软管，管壁厚2.0~2.5 mm，直径为40~60 mm，支管沿果园走向长的一侧铺设。毛管宜采用PE软管，管壁厚0.4~0.6 mm，直径为15~20 mm，与支管垂直铺设。每行树铺设两条毛管。

（4）灌水器。灌水器宜采用滴灌管或微喷头。内镶式滴灌管滴头间距50 cm，流量为1~3 L/h；管上式滴灌管每株果树4个滴头，流量为2~12 L/h；微喷头流量为40~90 L/h，喷洒半径在3~4 m，每株果树设1个微喷头。地面坡度大于10%的果园宜采用压力补偿式灌水器。

2. 微灌肥料选择

微灌肥料可在下述肥料中选择。

（1）微灌施肥专用肥料。根据作物生育期选择不同配方的微灌施肥专用肥料。

（2）常规肥料。尿素、硫酸铵、硝酸钙、硝酸铵钙、磷酸一铵、磷酸二氢钾、硫酸钾、硝酸钾等。

（3）水溶肥料。预溶解过滤后施用。

（4）螯合态微量元素肥料。

3. 微灌施肥系统使用

（1）使用前冲洗管道。使用前，用清水冲洗管道15~30 min。

（2）施肥后冲洗管道。施肥后，用清水继续灌溉15~30 min。

（3）系统维护。每30 d清洗肥料罐1次，并依次打开各个末端堵头，使用高压水流冲洗干、支管道。按设备说明书要求保养注肥泵。大型过滤器的压力表出口压力低于进口压力0.6~1个大气压时清洗过滤器。小型单体过滤器每30 d清洗1次，水垢较多时可用10%的盐酸水溶液清洗。首部过滤系统要选择配有自动反冲洗功能的过滤器。

（四）栽培管理

1. 土壤管理

土壤管理应根据品种、气候条件等因地制宜灵活运用。

（1）生草或覆盖。提倡葡萄园种植绿肥或作物秸秆覆盖，提高土壤有机质含量。

（2）深耕翻。一般在新梢停止生长、果实采收后，结合秋季施肥进行深耕，深耕20～30 cm。秋季深耕施肥后及时灌水；春季深耕较秋季深耕深度浅，春耕在土壤化冻后及早进行。

（3）清耕。在葡萄行和株间进行多次中耕除草，经常保持土壤疏松和无杂草状态，园内清洁，病虫害少。

2. 施肥

（1）根据葡萄的施肥规律进行平衡施肥或配方施肥。使用的商品肥料应是在农业行政主管部门登记使用或免于登记的肥料。

（2）肥料的种类。

允许施用的肥料种类：有机肥料包括堆肥、沤肥、厩肥、沼气肥、绿肥、作物秸秆肥、泥炭肥、饼肥、腐殖酸类肥、人畜废弃物加工而成的肥料等。微生物肥料包括微生物制剂和微生物处理肥料等。化肥包括氮肥、磷肥、钾肥、硫肥、钙肥、镁肥及复合（混）肥等。叶面肥包括大量元素类、微量元素类、氨基酸类、腐殖酸类肥料。

限制施用的肥料限量使用氮肥。限制使用含氯复合肥。

（3）施肥的时期和方法。葡萄一年需要多次供肥。

土壤基肥：一般于果实采收后秋，以有机肥料为主，并与磷钾肥混合施用，采用深40～60 cm的沟施方法。每亩施发酵腐熟农家肥（有机肥）1 500～2 500 kg，穴施或条施、15-15-15（S）复合肥50 kg。

微灌追肥：葡萄生长季节的追肥推广使用微灌技术进行。

叶面追肥：结合喷药进行。一般花期喷1次0.1%～0.3%硼砂，生长前期喷2～3次0.2%～0.3%尿素，中后期喷2～3次0.2%～0.3%磷酸二氢钾。

微量元素螯合态的可以随滴灌进行，硼和铁通过叶面喷施的方式进行补充，缺乏严重时可和有机肥料一起施用。最后一次叶面施肥应距采收期20 d以上。

（4）施肥量依据地力、树势和产量的不同，参考每产100 kg浆果一年需施纯氮（N）0.25～0.75 kg、磷（P_2O_5）0.25～0.75 kg、钾（K_2O）0.35～1.1 kg的标准测定，进行平衡施肥。

3. 水分管理

萌芽期、浆果膨大期和入冬前需要良好的水分供应。成熟期应控制灌水。在多雨季节容易积水，需要有排水条件。

4. 花果管理

（1）调节产量。通过花序整形、疏花序、疏果粒等办法调节产量。建议成龄高品质园每亩的产量控制在1 500 kg左右。

（2）果实套袋。疏果后及早进行套袋，但需要避开雨后的高温天气，套袋时间不宜过晚。套袋前全园喷布一遍杀菌剂。红色葡萄品种采收前10～20 d需要摘袋。对容易着色和无色品种，以及着色过重的西北地区可以不摘袋，带袋采收。为了避免高温伤害，摘袋时不要将纸袋一次性摘除，先把袋底打开，逐渐将袋去除。

（五）微灌施肥

高产园追肥次数多达11次以上。一般采用微灌施肥的方式进行。高品质葡萄注意控制氮肥的施用量。葡萄施肥制度参照表3-6执行。

表3-6 葡萄微灌施肥制度

生育时期	灌溉次数	灌水定额（m^3/亩次）	每次灌溉加入的纯养分量（kg/亩）				备注
			N	P_2O_5	K_2O	$N+P_2O_5+K_2O$	
伤流期—萌芽期	1	30	0.8	0.8	0.8	2.4	滴灌时每次加入含腐殖酸的有机液肥3 kg。硬核期开始至着色期滴灌时每次添加1 kg的钙、镁水溶肥。微量元素肥料以叶面施肥的方式补充 本规程适用于黄淮海平原区
新梢生长—开花前	3	15	0.6	0.6	0.6	1.8	
花后—硬核前	2	12	1.3	1.3	1.3	3.9	
硬核—着色前	2	12	1.0	0.52	2.21	3.73	
着色—采收期	2	12	1.0	0.52	7.21	8.73	
采收后、落叶—休眠	1	15	1.4	1.4	1.4	4.2	
合计	11	162	10.6	8.68	25.44	44.72	

（六）病虫害防治

1. 病虫害防治原则

贯彻“预防为主，综合防治”的植保方针。以农业防治为基础，提倡生物防治，按照病虫害的发生规律科学使用化学防治技术。

化学防治应做到对症下药，适时用药；注重药剂的轮换使用和合理混用；按照规定的浓度、每年的使用次数和安全间隔期（最后一次用药距离果实采收的时间）要求使用。对化学农药的使用情况进行严格、准确的记录。

2. 植物检疫

按照国家规定的有关植物检疫制度执行。

3. 农业防治

秋冬季和初春，及时清理果园中病僵果、病虫枝条、病叶等病组织，减少果园初侵染菌源和虫源。采用果实套袋措施。合理间作，适当稀植。采用滴灌、树下铺膜等技术。加强夏季管理，避免树冠郁蔽。

4. 药剂使用准则

禁止使用剧毒、高毒、高残留、有"三致"（致畸、致癌、致突变）作用和无"三证"（农药登记证、生产许可证、生产批号）的农药。

提倡使用矿物源农药、微生物和植物源农药。常用的矿物源药剂有（预制或现配）波尔多液、氢氧化铜、松脂酸铜等。

（七）植物生长调节剂使用准则

允许赤霉素在诱导无核果、促进无核葡萄果粒膨大、拉长果穗等方面的应用。

（八）除草剂的使用准则

禁止使用苯氧乙酸类（2，4-D，MCPA和它们的酯类、盐类）、二苯醚类（除草醚、草枯醚）、取代苯类（五氯酚钠）除草剂；允许使用莠去津，或在葡萄上登记过的其他除草剂。

（九）采收

根据果实成熟度和市场需求综合确定采收适期。成熟期不一致的品种，应分期采收。

七、日光温室草莓水肥一体化生产技术规程

（一）产地环境

选择土层深厚，排水良好，肥沃、疏松的土壤。产地环境条件应符合NY 5104的要求。

（二）水肥一体化技术要求

1. 微灌施肥系统组成

微灌施肥系统由水源、首部枢纽、输配水管网、灌水器四部分组成。

（1）水源。包括地下水、库水、河水等。

（2）首部枢纽。首部枢纽包括水泵、过滤器、施肥器、控制设备和仪表等。

①水泵。根据水源状况及灌溉面积选用适宜的水泵种类和合适的功率。对于供水量需要调蓄或含沙量较大的水源，常要修建蓄水池。

②过滤器。地下水作为灌溉水源一般选用筛网过滤器、叠片过滤器。过滤器尺寸根据棚内滴灌管的总流量来确定。单棚宜采用直径3.3 cm或4.9 cm过滤器。

③施肥器。施肥器有压差式施肥罐、文丘里注入器、注入泵和开敞式废料池。单棚宜采用30 L施肥罐、直径32 mm文丘里注入器。

④控制设备和仪表。系统中应安装阀门、流量和压力调节器、流量表或水表、压力表、安全阀、进排气阀等。

（3）输配水管网。输配水管网是按照系统设计，由干管、支管和毛管组成。棚内由支管和毛管组成，支管和毛管采用PE软管，支管壁厚2～2.5 mm，直径为32 mm或40 mm。毛管壁厚0.2～1.1 mm，直径为8～16 mm。

（4）灌水器。灌水器采用内镶式滴灌带或薄壁滴灌带。流量为1～3 L/h，滴头间距为20～30 cm。

2. 微灌肥料选择

微灌肥料可在下述肥料中选择。

（1）微灌施肥专用肥料。根据作物生育期选择不同配方的微灌施肥专用肥料。

（2）常规肥料。尿素、硫酸铵、硝酸钙、硝酸铵钙、磷酸一铵、磷酸二氢钾、硫酸钾、硝酸钾等。

（3）水溶肥料。预溶解过滤后施用。

3. 微灌施肥系统使用

（1）使用前冲刷管道。使用前，用清水冲洗管道。

（2）施肥后冲刷管道。施肥后，用清水继续灌溉15 min。

（3）系统维护。每30 d清洗肥料罐1次，并依次打开各个末端堵头，使用高压水流冲洗主、支管道。按设备说明书要求保养注肥泵。灌溉施肥过程中，若供水中断，应尽快关闭施肥装置进水管阀门，防止含肥料溶液倒流。大型过滤器的压力表出口读数低于进口压力0.6～1个大气压时清洗过滤器。小型单体过滤器每30 d清洗1次。

（三）栽培管理

1. 育苗

（1）母株选择。选择品种纯正、健壮、无病虫害的植株或脱毒苗。

（2）母株定植。

①定植时间。春季日平均气温达到10℃以上时定植母株。

②苗床准备。每平方米施腐熟有机肥9～10 kg，耕匀耙细，整畦，畦宽1.2～1.5 m。

③定植方式。母株单行定植，株距50～80 cm，苗心深度与地面齐平。

④苗期管理。母株成活后喷施1次50 mL/L赤霉素（GA3）。及时摆蔓、压蔓，除草，去花序。

（3）假植育苗。

①营养土。肥沃田园土60%，腐熟厩肥40%，过筛混合。按每立方米加入尿素和硫酸钾各0.5 kg，磷酸二铵2 kg，50%多菌灵可湿性粉剂80 g，拌匀。

②假植。6月中旬至7月上旬，选取2叶1心以上的匍匐茎子苗，栽入填有营养土的营养钵中。每钵1苗，放置日光温室内，株行距为15 cm×15 cm。

③假植苗管。假植后浇透水，遮阴5～7 d。每10～12 d叶面喷施0.2%尿素+0.2%磷酸二氢钾的营养液1次。及时摘除抽生匍匐茎和枯叶、病叶，适时转钵断根。

2. 定植

（1）整地、施肥。每亩基施优质腐熟有机肥料4 000～5 000 kg，腐熟饼肥100 kg，化肥折纯N 3.6 kg、P_2O_5 6.2 kg、K_2O 5.0 kg，深翻20 cm，耙平南北向起垄。垄距75～80 cm，垄高25～30 cm，垄顶宽30～40 cm。

（2）壮苗标准。4片展开叶，根茎粗度1.2 mm以上，根系发达，苗重20 g以上，顶花芽分化完成，无病虫害。

（3）生产苗定植。9月上旬至中旬定植。每垄双行，行距30～40 cm，株距15～18 cm，一般每亩栽植9 500～11 000株。定植时灌溉1次，每亩用水量10 m³。

3. 田间管理

（1）棚膜覆盖。日光温室于10月中下旬覆盖棚膜，棚膜外加盖草苫。

（2）地膜覆盖。棚膜覆盖后10～15 d铺设黑色地膜。注意立即破膜引苗。

（3）赤霉素处理。地膜覆盖后，及时喷洒5～10 mg/kg的赤霉素1～2次，以防草莓矮化或再度休眠。

（4）温度调节。各生育期温度保持如下。现蕾前：白天26～28℃，夜间12～15℃。现蕾期：白天20～25℃，夜间10～12℃。花期：白天22～25℃，夜间8～10℃。果实膨大期：白天17～22℃，夜间7～8℃。采收期：白天15～20℃，夜间6～7℃。

（5）湿度调节。苗期、蕾期相对湿度保持在60%～70%；开花期相对湿度保持在50%～60%。

（6）植株调整。草莓生长发育期间，及时摘除病叶、老叶、新抽生匍匐茎、无效花蕾。采收后，及时摘除残留花枝、病叶、老叶，以促进草莓二茬果的生长发育。

（7）辅助授粉。开花期间，每亩棚内放蜜蜂箱1～2个，以利授粉。放蜂期间，放风口处覆盖纱网，棚内禁止使用杀虫剂。

（四）水肥管理

1. 定植至现蕾

该期40～45 d，灌溉周期4～5 d，共灌溉9次，每次亩用水量7 m³。

2. 现蕾至开花

该期8～10 d，灌溉1次，每亩用水量4 m³，用肥量：N 1.2 kg、P_2O_5 0.5 kg、K_2O 1.2 kg。

3. 果实膨大期

该期50～55 d，灌溉周期8～9 d，共灌溉6次，每亩用水量7 m³，灌水隔次施肥。每亩用肥量前1次：N 1.0 kg、P_2O_5 1.0 kg、K_2O 1.0 kg；后2次：N 1.9 kg、P_2O_5 0.8 kg、K_2O 1.7 kg。

4. 果实采收期

该期120～130 d，灌溉周期6～7 d，共灌溉18～20次，灌水隔次施肥，每亩用水量8 m³，用肥量：N 0.8 kg、P_2O_5 0.4 kg、K_2O 1.2 kg。

（五）病虫害防治

1. 主要病虫害

（1）主要病害。白粉病、灰霉病、叶斑病、轮斑病等。

（2）主要虫害。蚜虫、白粉虱等。

2. 防治原则

坚持"预防为主，综合防治"的植保工作方针，体现可持续生产的理念，协调运用综合防治技术，优先采用农业、物理和生物防治措施，辅助以安全合理的化学防治措施，达到安全、有效、经济和环保的目的。

3. 农业防治

选用抗性品种，优化作物布局，合理轮作，清洁田园，深耕晒垡，地膜覆盖，通风降湿，晒土晾根，调整播期，科学浇水、施肥和种植诱集作物等农业措施防治病虫害。

4. 物理防治

使用高温闷棚、太阳能消毒、色板诱杀、灯光诱杀（频振式杀虫灯、高压汞灯等）、防虫网、遮阳网、特种塑料薄膜（银灰膜、无滴膜等）等物理措施防治病虫害。

5. 生物防治

使用害虫天敌、有益微生物、农业抗生素、昆虫激素或信息素及植物源农药等生物防治病虫害。

6. 化学防治

（1）白粉病。2%农抗120水剂200倍液或45%丙环唑微乳剂2 000倍液喷雾。

（2）灰霉病。每亩用20%腐霉剂烟剂100 g过夜熏蒸或50%扑海因可湿性粉剂1 000倍液喷雾。

（3）叶斑病。50%琥胶肥酸铜可湿性粉剂500倍液或14%络氨铜水剂300倍液喷雾。

（4）轮斑病。田间发病初期，2%农抗120水剂200倍液或50%甲基硫菌灵可湿性粉剂1 000倍液喷雾。

（5）蚜虫。每亩用22%敌敌畏烟剂500 g熏蒸或10%吡虫啉可湿性粉剂1 000倍液喷雾。

（6）白粉虱。25%噻嗪酮可湿性粉剂2 500倍液喷雾或10%氯戊菊酯烟熏剂每亩用500 g熏蒸，兼治蚜虫。

（六）采收

根据果实成熟度、用途和市场需求分期采收。采收时，轻拿轻放。

八、日光温室黄瓜水肥一体化生产技术规程

（一）产地环境

选择土层深厚、质地适中、疏松、肥沃、排灌方便的地块，产地环境条件应符合NY 5294的规定。

（二）水肥一体化技术要求

1. 微灌施肥系统组成

微灌施肥系统由水源、首部枢纽、输配水管网、灌水器四部分组成。

（1）水源。包括地下水、库水、河水等。

（2）首部枢纽。首部枢纽包括水泵、过滤器、施肥器、控制设备和仪表等。

①水泵。根据水源状况及灌溉面积选用适宜的水泵种类和合适的功率。对于供水量需要调蓄或含沙量较大的水源，常要修建蓄水池。

②过滤器。地下水作为灌溉水源一般选用筛网过滤器、叠片过滤器。过滤器尺寸根据棚内滴灌管的总流量来确定。单棚宜采用直径3.3 cm或5.0 cm过滤器。

③施肥器。施肥器有压差式施肥罐、文丘里注入器、注入泵和开敞式废料池。单棚宜采用30 L施肥罐、直径32 mm文丘里注入器。

④控制设备和仪表。系统中应安装阀门、流量和压力调节器、流量表或水表、压力表、安全阀、进排气阀等。

（3）输配水管网。输配水管网是按照系统设计，由干管、支管和毛管组成。棚内由支管和毛管组成，支管和毛管采用PE软管，支管壁厚2～2.5 mm，直径为32 mm或40 mm。毛管壁厚0.2～1.1 mm，直径为8～16 mm。

（4）灌水器。灌水器采用内镶式滴灌带或薄壁滴灌带。流量为1～3 L/h，滴头间距为20～40 cm。

2. 微灌肥料选择

微灌肥料可在下述肥料中选择。

（1）微灌施肥专用肥料。根据作物生育期选择不同配方的微灌施肥专用肥料。

（2）常规肥料。尿素、硫酸铵、硝酸钙、硝酸铵钙、磷酸一铵、磷酸二氢钾、硫酸钾、硝酸钾等。

（3）水溶肥料。预溶解过滤后施用。

3. 微灌施肥系统使用

（1）使用前。用清水冲洗管道。

（2）施肥后冲刷管道。施肥后，用清水继续灌溉15 min。

（3）系统维护。每30 d清洗肥料罐1次，并依次打开各个末端堵头，使用高压水流冲洗主、支管道。按设备说明书要求保养注肥泵。灌溉施肥过程中，若供水中断，应尽快关闭施肥装置进水管阀门，防止含肥料溶液倒流。大型过滤器的压力表出口读数低于进口压力0.6～1个大气压时清洗过滤器。小型过滤器每30 d清洗1次。

（三）栽培管理

1. 种子

选择耐低温、耐弱光、抗病性强、适应性广、商品性好、优质高产的品种。

2. 育苗

（1）育苗方式。采用黄瓜顶芽插接技术嫁接育苗。以黄瓜作接穗，平盘育苗；白籽南瓜作砧木，穴盘育苗。黄瓜籽较砧木籽提前10～12 d进行种子处理、播种。

（2）种子处理。

浸种。黄瓜籽、砧木籽均采用温汤浸种的方法：播种前将种子放入55～60℃的热水中，并不停地搅拌，使种子均匀受热，水温降到30℃时停止搅拌，黄瓜籽浸泡3～4 h；砧木籽浸泡10～12 h。后用10%磷酸三钠浸种10～20 min后捞出，再用清水冲洗2～3次。

催芽。经浸泡消毒后的黄瓜籽、砧木籽捞出，控出多余的水分。黄瓜籽晾至种子离散；砧木籽晾至种皮发干，再用干净的湿布包好，分别放在28～30℃的环境下催芽，其间每天翻动1～2次，待有70%以上的种子出芽时即可播种。

育苗盘。穴盘选用外形大小为54.9 cm×27.8 cm，50孔；平盘选用外形大小为54 cm×26 cm。

（3）营养土配制。肥沃田园土60%，腐熟厩肥40%，过筛混合。按每立方米加入尿素和硫酸钾各0.5 kg，磷酸二铵2 kg，50%多菌灵可湿性粉剂80 g，拌匀。

（4）播种。黄瓜籽9月中旬至10月上旬播种。每亩种植用黄瓜籽100～120 g，砧木籽800～1 000 g。黄瓜籽平盘直播，营养土要事先湿透，播种要均匀。砧木籽穴盘点播，播种前将育苗营养土装入穴盘，振动沉实，浇透水，将砧木籽播于穴盘，每穴1粒，覆盖营养土1 cm，喷水覆膜。播种后，幼苗出土前白天温度保持在25～30℃，夜间在16～20℃；幼苗出土至第一片真叶展开，白天温度保持在24～28℃，夜间在15～17℃。

（5）嫁接。砧木籽子叶全部展开为嫁接适期。采用黄瓜顶芽插接技术嫁接。嫁接后，用新地膜覆盖严，以防嫁接苗感病和失水萎蔫。

（6）嫁接后管理。嫁接后3 d内苗床不放风、不见光。苗床气温白天保持在25～28℃，夜间18～20℃；空气湿度90%～95%。3 d后视苗情，以不萎蔫为度进行短时间少量放风，以后逐渐加大放风量。一周后接口愈合，即可逐渐揭去草苫，并开始加大放风量，床温指标为白天22～26℃，夜间13～16℃。若床温低于13℃应加盖草苫。

3. 定植

（1）幼苗定植标准。嫁接后10～12 d，幼苗1叶1心、生长健壮、子叶完好、叶色浓绿、根系发达、无病虫害。

（2）整地施肥。每亩基施腐熟有机肥料6 000～8 000 kg，化肥折纯N 18.0 kg、P_2O_5 15.0 kg、K_2O 32.0 kg，硫酸锌1.0 kg、硼砂0.5 kg，整地前撒施。深翻25～30 cm，旋耕耙平。

（3）定植方法及密度。采用大小行栽培，大行行距80 cm，小行行距60 cm。根据品种特性、气候条件及栽培习惯确定株距，一般每亩定植2 800～3 000株。

4. 田间管理

（1）温度。缓苗后至结瓜前，以炼苗为主，多次中耕。白天温度保持在25～28℃，夜间在12～15℃，中午前后不要超过30℃。进入结瓜期，注意保温控湿。白天温度保持在25～30℃，超过30℃注意放风，夜间在12～18℃。结瓜盛期，要重视放风，调节室内温湿度，白天温度保持在28～30℃，夜间在13～18℃，温度过高时可通腰风和前后窗放风。当夜间室外最低温度达15℃以上时，不再盖草苫，可昼夜放风。

（2）光照。采用透光性好的无滴膜，保持膜面清洁。揭、盖草苫的适宜时间，晴天以阳光照到采光棚面为准，阴天以揭开草苫后室内气温无明显下降为准。深冬季节，草苫可适当晚揭早盖。日光温室后部设置反光膜，尽量增加光照强度和时间。

（3）空气湿度。根据黄瓜不同生育阶段对湿度的要求和控制病害的需要，定植期适宜的空气相对湿度为80%～90%、开花结瓜期为70%～85%。

（4）整枝。用尼龙绳吊蔓，根据长势及时落蔓；主蔓结瓜，侧枝留1瓜1叶摘心；及时打掉病叶、老叶、畸形瓜。

（四）水肥管理

（1）缓苗期。定植时灌溉1次，每亩用水量约30 m³。

（2）初花期。该期25～30 d，灌溉周期15～16 d，共灌溉2次。每亩用水量12 m³；第二次浇水时每亩用肥量：N 2.8 kg、P_2O_5 2.8 kg、K_2O 4.5 kg。

（3）结瓜初期。该期60～70 d，灌溉周期12～13 d，共灌溉5次。每亩用水量9 m³，用肥量：N 2.4 kg、P_2O_5 2.9 kg、K_2O 3.9 kg。

（4）结瓜中前期。该期55～65 d，灌溉周期7～8 d，共灌溉8次。每亩用水量10 m³，用肥量：N 2.4 kg、P_2O_5 1.9 kg、K_2O 3.5 kg。

（5）结瓜中后期。该期45～55 d，灌溉周期6～7 d，共灌溉8次。每亩用水量11 m³，用肥量：N 2 kg、P_2O_5 1.5 kg、K_2O 2 kg。

（6）结瓜末期。该期为采收结束前38～40 d。灌溉周期5～6 d，共灌溉7次。每亩用水量12 m³，用肥量：N 2.8 kg。

（五）病虫害防治

1. 主要病虫害

（1）主要病害。枯萎病、霜霉病、灰霉病、疫病、白粉病、炭疽病、蔓枯病等。

（2）主要虫害。蚜虫、白粉虱、美洲斑潜蝇等。

2. 防治原则

按照"预防为主，综合防治"的植保工作方针，坚持"农业防治、物理防治、生物防治为主，化学防治为辅"的原则。

3. 农业防治

采取嫁接育苗，培育适龄壮苗，提高抗逆性；通过放风、增强覆盖、辅助加温等措施，控制各生育期温度、湿度，避免生理性病害发生；增施充分腐熟的有机肥，减少化肥用量；清洁棚室，降低病虫基数；及时摘除病叶、病果，集中销毁。

4. 物理防治

通风口处增设防虫网，以40目防虫网为宜；棚内悬挂黄色诱杀板诱杀白粉虱、蚜虫、美洲斑潜蝇等对黄色有趋向性的害虫，每亩30～40块。

5. 生物防治

保护捕食螨、草蛉和瓢虫等自然昆虫天敌。

6. 化学防治

（1）枯萎病。发病初期，50%多菌灵可湿性粉剂800倍液或70%甲基硫菌灵1 000倍液灌根，每株灌0.25 kg药液。

（2）霜霉病。25%嘧菌酯1 500倍液或72%霜脲氰·代森锰锌可湿性粉剂800倍液喷雾。

（3）灰霉病。50%腐霉利可湿性粉剂或50%异菌脲1 000倍液喷雾。

（4）疫病和炭疽病。25%嘧菌酯1 000倍液喷雾。

（5）白粉病。25%三唑酮可湿性粉剂1 500倍液喷雾。

（6）蔓枯病。发病初期，75%百菌清可湿性粉剂600倍液或70%甲基硫菌灵可湿性粉剂800倍液喷雾。

（7）蚜虫。每亩50%抗蚜威可湿性粉剂10 g兑适量水喷雾。

（8）白粉虱、美洲斑潜蝇。25%噻嗪酮可湿性粉剂2 500倍液喷雾，兼治蚜虫、美洲斑潜蝇等害虫。

（六）采收

及时分批采收，确保商品瓜品质，促进后期果实膨大。

九、日光温室番茄水肥一体化生产技术规程

（一）产地环境

选择土层深厚、质地适中、疏松、肥沃、排灌方便的地块，产地环境条件应符合规定。

（二）水肥一体化技术要求

1. 微灌施肥系统组成

微灌施肥系统由水源、首部枢纽、输配水管网、灌水器四部分组成。

（1）水源。包括地下水、库水、河水等。

（2）首部枢纽。首部枢纽包括水泵、过滤器、施肥器、控制设备和仪表等。

①水泵。根据水源状况及灌溉面积选用适宜的水泵种类和合适的功率。对于供水量需要调蓄或含沙量较大的水源，常要修建蓄水池。

②过滤器。地下水作为灌溉水源一般选用筛网过滤器、叠片过滤器。过滤器尺寸根据棚内滴灌管的总流量来确定。单棚宜采用直径3.3 cm或5.0 cm过滤器。

③施肥器。施肥器有压差式施肥罐、文丘里注入器、注入泵和开敞式废料池。单棚宜采用30 L施肥罐、直径32 mm文丘里注入器。

④控制设备和仪表。系统中应安装阀门、流量和压力调节器、流量表或水表、压力表、安全阀、进排气阀等。

（3）输配水管网。输配水管网是按照系统设计，由干管、支管和毛管组成。棚内由支管和毛管组成，支管和毛管采用PE软管，支管壁厚2～2.5 mm，直径为32 mm或40 mm。毛管壁厚0.2～1.1 mm，直径为8～16 mm。

（4）灌水器。灌水器采用内镶式滴灌带或薄壁滴灌带。流量为1～3 L/h，滴头间距为20～40 cm。

2. 微灌肥料选择

微灌肥料可在下述肥料中选择。

（1）微灌施肥专用肥料。根据作物生育期选择不同配方的微灌施肥专用肥料。

（2）常规肥料。尿素、硫酸铵、硝酸钙、硝酸铵钙、磷酸一铵、磷酸二氢钾、硫酸钾、硝酸钾等。

（3）水溶肥料。预溶解过滤后施用。

3. 微灌施肥系统使用

（1）使用前。用清水冲洗管道。

（2）施肥后冲刷管道。施肥后，用清水继续灌溉15 min。

（3）系统维护。每30 d清洗肥料罐1次，并依次打开各个末端堵头，使用高压水流冲洗主、支管道。按设备说明书要求保养注肥泵。灌溉施肥过程中，若供水中断，应尽快关闭施肥装置进水管阀门，防止含肥料溶液倒流。大型过滤器的压力表出口读数低于进口压力0.6～1个大气压时清洗过滤器。小型单体过滤器每30 d清洗1次，水垢较多时可用10%的盐酸水溶液清洗。

（三）栽培管理

1. 品种选择

选用抗病，抗逆性强，耐低温弱光，连续结果能力强，优质、高产、耐储运、商品性好的品种，种子质量应符合要求。

2. 育苗

（1）种子处理。用55℃温水浸种10～15 min，不断搅拌，当水温降至30℃时停止搅拌，再浸泡3～4 h，或用50%多菌灵可湿性粉剂用种子量的0.4%拌种，预防真菌病害；用10%磷酸三钠溶液常温下浸种20 min，用清水洗净再浸种催芽，预防病毒病。浸种后置于25～28℃条件下催芽，出芽后即可播种。

（2）苗床准备。营养土。肥沃田园土60%，腐熟厩肥40%，过筛混合。按每立方米加入尿素和硫酸钾各0.5 kg，磷酸二铵2 kg，50%多菌灵可湿性粉剂80 g，拌匀。

穴盘。采用穴盘育苗，重复使用的穴盘用40%福尔马林100倍液浸泡15～20 min，然后在上面覆盖一层塑料薄膜，闷24 h后，用清水冲洗干净。装盘时，以营养土恰好填满穴盘的孔穴为宜。

（3）播种。7月下旬至8月上旬，每穴播种1粒，播种深度为5 mm，播后均匀覆盖一层营养土，喷小水至表层湿润。将穴盘放置在日光温室中育苗。

（4）苗床管理。白天床温不宜超过30℃，夜间床温不宜低于18℃。及时喷小水，保持苗床湿润。

3.定植

施肥、起垄。定植前10～15 d，每亩施腐熟优质有机肥料8 000～10 000 kg，化肥折纯N 10.0 kg、P_2O_5 15.0 kg、K_2O 13.0 kg，不宜用含氯肥料。施肥后深耕耙平，按垄宽70 cm，垄高10 cm，沟宽50 cm起垄。

定植方式。8月下旬至9月下旬定植。采取大小行、垄作栽植。每亩定植2 700～2 800株。

4.田间管理

（1）温湿度管理。

苗期。白天室温保持在28～30℃，夜间在17～20℃，地温不低于20℃。空气相对湿度保持在80%～90%。

开花期。适当降低室温，白天室温保持在22～26℃，夜间在15～18℃。空气相对湿度保持在60%～70%。

结果、采收期。白天室温保持在20～30℃，夜间在13～15℃，夜间最低不低于8℃。室温达不到30℃，不宜放风。空气相对湿度保持在50%～60%。

（2）光照管理。采用透光性好的保温功能膜，保持膜面清洁，及时揭放保温覆盖物；温室后部设置反光幕，增加光照强度和时间。

（3）整枝保果。

整枝。保留主枝，及时抹去次生枝，摘除下部枯黄老叶。及时盘蔓、固定主枝。

保果。使用防落素等植物生长调节剂处理花穗，每穗留3～5个果，疏除畸形果和穗尖果。

（四）水肥管理

1.苗期

苗期20～25 d，定植时灌溉1次，每亩用水量20 m³。之后，灌溉周期8～10 d，共灌溉2次，每亩用水量约8 m³。

2. 开花期

番茄第一穗坐果,第二穗开花,灌溉1次,每亩用水量约12 m³,用肥量:N 3.6 kg、P_2O_5 2.3 kg、K_2O 3.6 kg。

3. 结果初期

第二穗开花至开始采收,该期55~65 d,灌溉周期20~22 d,共灌溉3次,每亩用水量12 m³,用肥量:N 3.0 kg、P_2O_5 1.5 kg、K_2O 6.0 kg。

4. 采收期

(1)采收前期。从第一穗果开始采收至第六穗果采收中期,该期80~90 d,灌溉周期25~27 d,共灌溉3次,每亩用水量15 m³,用肥量:N 3.0 kg、P_2O_5 1.0 kg、K_2O 4.8 kg。

(2)采收盛期。从第七穗果开始采收至第十五穗果采收中期,该期70~80 d,灌溉周期为15~17 d,共灌溉5次,每亩用水量12 m³,用肥量:N 2.0 kg、P_2O_5 0.5 kg、K_2O 3.3 kg。

(3)采收末期。从第十六穗果开始采收至采收结束,该期25~30 d,灌溉周期10~12 d,共灌溉3次,每亩用水量14 m³,用肥量:N 2.5 kg。

(五)病虫害防治

1. 主要病虫害

(1)主要病害。病毒病、灰霉病、叶霉病、疫病、青枯病、猝倒病等。

(2)主要虫害。蚜虫、白粉虱等。

2. 防治原则

按照"预防为主,综合防治"的植保工作方针,坚持"农业防治、物理防治、生物防治为主,化学防治为辅"的原则。

3. 农业防治

增施充分腐熟的有机肥;培育适龄壮苗,提高抗逆性;通过放风、增强覆盖、辅助加温等措施,保持各生育期温湿度,避免生理性病害发生;清洁棚室,降低病虫基数;及时摘除病叶、病果,集中销毁。

4. 物理防治

通风口处增设防虫网,以40目防虫网为宜;棚内悬挂黄色诱杀板,诱杀白粉虱、蚜虫、美洲斑潜蝇等对黄色有趋向性的害虫,每亩30~40块。

5.生物防治

保护捕食螨、草蛉和瓢虫等自然昆虫天敌。

6.化学防治

（1）病毒病。发病初期，2%宁南菌素250倍液喷雾。

（2）灰霉病、叶霉病。发病初期，50%乙烯菌核利可湿性粉剂或65%万霉灵可湿性粉剂800倍液喷雾。

（3）疫病。发病初期，72%霜脲氰·代森锰锌可湿性粉剂800倍液或77%氢氧化铜可湿性粉剂500倍液喷雾。

（4）青枯病。青枯病等细菌性病害发病初期，50%琥胶肥酸铜可湿性粉剂或77%氢氧化铜可湿性粉剂500倍液喷雾或灌根。

（5）猝倒病。72.2%霜霉威800倍液或50%异菌脲1 500倍液喷雾，兼治立枯病或茎基腐病等。

（6）蚜虫。每亩用50%抗蚜威可湿性粉剂10 g兑水稀释后喷雾。

（7）白粉虱。25%噻嗪酮可湿性粉剂2 500倍液喷雾，兼治蚜虫、美洲斑潜蝇等害虫。

（六）采收

确保商品果品质，及时分批采收，促进后期果实膨大。

第四章 有机肥施用技术

第一节 有机肥概述

有机肥主要来源于植物和（或）动物，施于土壤以提供植物营养为其主要功能的含碳物料。不仅能为农作物提供全面营养，而且肥效长，可增加和更新土壤有机质，促进微生物繁殖，改善土壤的理化性质和生物活性，是绿色食品生产的主要养分。

一、有机肥定义

（一）广义定义

俗称农家肥，由各种动物、植物残体或代谢物组成，如人畜粪便、秸秆、动物残体、屠宰场废弃物等。另外，还包括饼肥、堆肥、沤肥、厩肥、沼肥、绿肥等。主要是以供应有机物质为手段，借此来改善土壤理化性能，促进植物生长及土壤生态系统的循环。

部分"广义上的有机肥"品种如下。

（1）堆肥。以各类秸秆、落叶、青草、动植物残体、人畜粪便为原料，按比例相互混合或与少量泥土混合进行好氧发酵腐熟而成的一种肥料。

（2）沤肥。所用原料与堆肥基本相同，只是在淹水条件下进行发酵而成。

（3）厩肥。指猪、牛、马、羊、鸡、鸭等畜禽的粪尿与秸秆垫料堆沤制成的肥料。

（4）沼气肥。在密封的沼气池中，有机物腐解产生沼气后的副产物，包括沼液和沼渣。

（5）绿肥。利用栽培或野生的绿色植物体作肥料。如豆科的绿豆、蚕豆、草木樨、田菁、苜蓿、苕子等。非豆科绿肥有黑麦草、肥田萝卜、小葵子、满江红、水葫芦、水花生等。

（6）农作物秸秆。农作物秸秆是重要的有机肥料品种之一，农作物秸秆含有作物所必需的营养元素。在适宜条件下通过土壤微生物的作用，这些元素经过矿化再回到土壤中，为作物吸收利用。

（7）纯天然矿物质肥。包括钾矿粉、磷矿粉、氯化钙、天然硫酸钾镁肥等没有经过化学加工的天然物质。此类产品要通过有机认证，并严格按照有机标准生产才可用于有机农业。

（8）饼肥。菜籽饼、棉籽饼、豆饼、芝麻饼、蓖麻饼、茶籽饼等。

（9）泥肥。未污染的河泥、塘泥、沟泥、港泥、湖泥等。

（二）狭义定义

专指以各种动物废弃物（包括动物粪便、动物加工废弃物）和植物残体（饼肥类、作物秸秆、落叶、枯枝、草炭等），采用物理、化学、生物或三者兼有的处理技术，经过一定的加工工艺（包括但不限于堆制、高温、厌氧等），消除其中的有害物质（病原菌、病虫卵害、杂草种子等）达到无害化标准而形成的，符合国家相关标准（NY/T 525—2021）（附录）及法规的一类肥料。

二、有机肥分类

农业废弃物：如秸秆、豆粕、棉粕等。

畜禽粪便：如鸡粪、牛羊马粪、兔粪。

工业废弃物：如酒糟、醋糟、木薯渣、糖渣、糠醛渣等。

生活垃圾：如餐厨垃圾等。

城市污泥：如河道淤泥、下水道淤泥等。

有机肥原料生产供应基地分类：蚕沙、蘑菇菌渣、海带渣、柠檬酸渣、木薯渣、蛋白泥、糖醛渣、氨基酸、腐殖酸、油渣、贝壳粉、草木灰、草炭、花生壳粉等。

三、有机肥功能

（一）供给作物多种养分

有机肥又叫农家肥，是一种安全肥料。一般都含有农作物所需要的各种营养元素和丰富的有机质，既含有氮、磷、钾，又含有硼、钼、锌、锰、铜等微量元素及生长刺激素。

（二）提高化学肥料利用率

有机肥含有养分多但相对含量低，释放缓慢，而化肥养分含量高，成分少，释放快。两者合理配合施用，相互补充，有机质分解产生的有机酸还能促进土壤和化肥中矿质养分的溶解。有机肥与化肥相互促进，有利于作物吸收，提高肥料的利用率。

有机肥料减少养分固定，提高化肥肥效的主要机制是有机肥料的"螯合作用"。所谓"螯合作用"就是有机肥料中的腐殖酸与土壤中的无机盐类形成一个配位体，使它们之间相互结合，减少营养元素与土壤间发生的化学反应，提高肥料有效性与化肥利用率，改善农产品品质。有机肥料分解中，产生的各种有机酸和碳酸，可以促进土壤中难溶性磷酸盐的转化，提高磷的有效性。

（三）改良土壤、培肥地力

有机肥不仅是农作物的粮食，也是土壤微生物的粮食。有机肥料含有大量微生物，大多数微生物依靠现有的有机质维持生命，土壤中有机质丰富，促进微生物旺盛活动。微生物在新陈代谢过程中，放出大量的酶，促进土壤腐殖化，生成一种黑色或褐色的腐殖质，能持久而稳定供给微生物能量，为微生物创造了良好的生活环境。

有机质能有效地改善土壤理化状况，腐殖质为胶体物质，并具有水稳性。土壤腐殖质黏结力比黏土小10.5倍，而比沙粒大，能使沙质不散，黏质土发暄，提高沙土蓄水保肥能力，对黏性土壤能减少内聚力，使其变疏松，利于耕作和排水，延长土壤宜耕期。腐殖质还有增深土壤颜色、吸热增温作用，有利于种子萌芽和作物生长。腐殖质吸水能力强，一般可以吸收本身重量9~25倍的水，有助于作物的抗旱和抗涝，为作物的生长创造良好的土壤条件。

（四）增加产量、提高品质

有机肥料含有丰富的有机物和各种营养元素，为农作物提供营养。有机肥腐解后，为土壤微生物活动提供能量和养料，促进微生物活动，加速有机质分解，产生的活性物质等能促进作物的生长和提高农产品品质。

四、有机肥堆腐及处理方法

有机肥料无害化处理的堆沤方法很多，如EM堆腐法、自制发酵催熟堆腐法和工厂化无害化处理等。

（一）EM堆腐法

EM是一种好氧和嫌氧有效微生物群，主要由光合细菌、放线菌、酵母菌和乳酸菌等组成，在农业和环保上有广泛的用途。它具有除臭、杀虫、杀菌、净化环境和促进植物生长等多种功能。用它处理人畜粪便作堆肥，可以起到无害化作用。其具体方法如下。

（1）EM原液按清水100 mL和蜜糖或红糖20～40 g、M酪100 mL、白酒（含酒精30%～35%）100 mL和EM原液50 mL配制成备用液。

（2）将人、畜粪便风干至含水量为30%～40%。

（3）取稻草、玉米秆和青草等，切成长1.5 cm的碎料。加少量米糠拌和均匀，作堆肥时的膨松物。

（4）将稻草等膨松物与粪便按重量10∶100混合搅拌均匀，并在水泥地上铺成长约6 m、宽约1.5 m、厚20～30 cm的肥堆。

（5）在肥堆上薄薄地撒上一层米糠或麦麸等物，然后再洒上EM备用液，每1 000 kg肥料喷洒1 000～1 500 mL。

（6）按同样的方法，在上面再铺第二层。每一堆肥料铺3～5层后，上面盖好塑料薄膜发酵。当肥料堆内温度升到45～50℃时翻动一次。一般要翻动3～4次。完成后，肥料中长有许多白色的霉毛，并有一种特别的香味即可施用。发酵时间春天15～25 d，夏天7～15 d，冬天30～45 d。肥料中水分过多会使堆肥失败，产生恶臭味。各地要根据具体条件确定。

（二）发酵催熟堆腐法

采用自制发酵催熟堆腐法处理，其方法如下。

1. 发酵催熟粉的制备

所需原料：米糠（稻米糠、小米糠等各种米糠）、油饼（菜籽饼、花生饼、蓖麻饼等）、豆粕（加工豆腐等豆制品后的残渣）、糖类（各种糖类和含糖物质）、酵母粉、黑炭粉或沸石粉。按米糠14.5%、油饼14.0%、豆粕13.0%、糖类8.0%、水50.0%和酵母粉0.5%的比例配方，先将糖类加于水中，搅拌溶解后，加入米糠、油饼和豆粕，经充分搅拌混合后堆放，在60℃以上的温度下发酵30～50 d。然后用黑炭粉或沸石粉按1∶1重量的比例，进行掺和稀释，搅拌均匀。

2. 堆肥制作

先将粪便风干至含水分30%～40%。将粪便与切碎稻草等膨松物按重量100∶10的比例混合，每100 kg混合肥中加入1 kg催熟粉，充分搅拌均匀，然后堆积成高1.5～2.0 m的肥堆，进行发酵腐熟。在发酵期间，根据堆肥的温度变化，判定堆肥的发酵腐熟程度。当气温15℃时，堆积后第3天，堆肥表面以下30 cm处的温度可达70℃，堆积10 d后可进行第一次翻混。翻混时，堆肥表面以下30 cm处的温度可达80℃，几乎无臭。第一次翻混后10 d，进行第二次翻混。翻混时，堆肥表面以下30 cm处的温度为60℃。再过10 d后，第三次翻混时，堆肥表面以下30 cm处的温度为40℃，翻混后的温度为30℃，水分含量达30%左右。之后不再翻混，等待后熟。后熟一般需3～5 d完成。这种高温堆腐，可以把粪便中的虫卵、大肠杆菌和杂草种子等杀死，达到有机肥无害化处理的目的。

（三）工厂化无害化处理

大型畜牧场和家禽场，因粪便较多，可采用工厂化无害化处理。主要是先收集粪便，进行集中脱水，使水分含量达到20%～30%。然后把脱过水的粪便输送到一个专门蒸汽消毒房内，蒸汽消毒房的温度不能太高，一般为80～100℃。温度太高易使养分分解损失。肥料在消毒房内不断运转，经20～30 min消毒，杀死全部的虫卵、杂草种子及有害的病菌等。消毒房内装有脱臭塔除臭，臭气通过塔内排出。然后将脱臭和消毒的粪便，配上必要的天然矿物，如磷矿粉、白云石和云母粉等，进行造粒，再烘干，即成有机肥料。其工艺流程如下：粪便集中—脱水—消毒—除臭—配方搅拌—造粒—烘干—过筛—包装—入库。通过有机肥的无害化处理，可以达到降解有机污染物和防止生物污染的目的。

五、有机肥质量鉴定

一看：看有机肥料外观颜色，物理方法干燥的有机肥料，仍保持原粪便的颜色，只是水分减少，通过堆肥技术处理的有机肥料腐熟后颜色变为褐色或黑褐色，在成品中没有其他杂质。

二摸：用手抓一把优质有机肥料，其手感一致，湿时柔软有弹性，干时很脆，容易破碎，劣质有机肥料用手可以摸到杂质，特别是沙子。

三泡：拿两杯清水，分别放入一些优质和低劣有机肥料，有机肥料掺假一般是加入沙子或土来增加重量。优质有机肥料在水中分布均匀，而劣质有机肥料的杯底沉入很多沙子或土，区别明显，几分钟就可分辨出真伪。

第二节　有机肥的科学施用

由于农家肥品种较多，所以应根据肥料本身特性进行施肥。粪尿肥腐熟后宜作基肥、追肥。人尿呈酸性，含氮多，分解后能很快被根吸收，可作追肥。猪粪是冷性肥料，有机质和氮、磷、钾含量较多，腐熟后可施于各种土壤，尤其适用于排水良好的土壤。马粪是热性肥料，含有机质、氮素、粗纤维较多，并含有高温纤维分解细菌，在堆积中发酵快，热量高，适用于湿润黏重土壤和阴坡地及板结严重的土壤；用作堆肥材料可加速堆肥腐熟，可作为果树育苗保温肥。牛粪是典型的冷性肥料，含水多，腐烂慢，养分含量较低，将其晒干，掺入3%~5%的草木灰或磷矿粉或马粪进行堆积，可加速牛粪分解，提高肥效，宜与热性肥料结合使用，或施在沙地和阳坡地。羊粪是热性肥料，分解快，养分浓厚，宜和猪粪混施，适用于凉性土壤和阴坡地。家禽粪迟效，养分含量高，不宜新鲜使用，腐熟后可作基肥和追肥。炉灰渣、垃圾宜用于黏土、洼地以改良土壤。草木灰含钾多，还含有硼、钼、锰等元素，宜用于酸性土、黏质土，可作基肥和追肥，与其他有机肥混施效果更好。饼肥含有机质多，氮素较丰富，分解慢，肥效持久，须在施入前捣碎沤熟，宜作基肥和追肥。动物性杂肥宜与堆肥、厩肥一起堆积，腐熟后作基肥。沼渣肥效持久，可养护土地增加有机质，宜作基肥。沼液含有氮、磷、钾等元素，还含有锌、硼等微量元素，能提高土壤潜在肥力，促进农作物新梢及叶片生长，改善果品品质，可作追肥、叶面肥，也可用于浸种，以提高幼苗的抗病能力。

一、粪尿肥类有机肥及其施用技术

粪尿肥包括人粪尿、猪粪尿、牛粪尿、养粪尿、马粪尿、驴骡粪尿、兔粪、鸡粪、鸭粪、鹅粪、鸽粪、蚕沙、其他动物粪尿等。

人粪尿养分含量高，氮素、磷素含量高，腐熟快，易被作物吸收利用。据测试，鲜人粪中养分平均含量为：全氮1.16%、全磷0.26%、全钾0.30%、水分80.7%、粗有机物15.2%、粗灰分4.2%。人尿全氮平均含量0.53%、全磷0.04%、全钾0.14%、水分96.9%、粗有机物1.2%。人粪尿是流质肥料，在积存过程中容易分解，气温越高，损失越多，同时还含有很多病菌和寄生虫卵，积存中既要讲究卫生又要便于积肥。由于各地气候不同，南方高温多雨一般采用粪尿混存，制成水粪，北方地区多采用拌土制成土粪或者堆肥。

存放过程中常见的有粪坑（最好加盖防止氮素挥发）、加土保存、沤制沼气肥或建设"三格"化粪池等。人粪尿是速效肥料，可作基肥、追肥，一般作追肥。人粪尿、秸秆和土混合堆制的肥料可作基肥；单独贮存的人粪尿可加水3~5倍或加入适量的化肥作追肥，每亩施入人粪尿500 kg，可使水稻、小麦、玉米等粮食作物每亩增产50~70 kg。由于人粪尿中含有传染病菌和虫卵，所以需贮存发酵或加药剂后施用。人粪尿主要成分是氮，特别适合在保护地芹菜、莴苣、茼蒿、茴香、油菜等绿叶蔬菜上施用。同时含有氯离子，在忌氯作物如马铃薯、甘薯等作物上施用不宜过多，否则不仅块茎淀粉含量降低，而且不耐贮藏。作基肥时，每亩用量一般为1 000~1 500 kg，施用前必须进行腐熟处理。人粪尿中钠离子含量较高，在盐碱地或排水不畅的旱地也不宜一次大量施用。切忌将人粪尿与草木灰等碱性物质混存或者晒制粪干。

猪粪尿是一种富含有机质和多种营养元素的完全肥料，适合各种植物和土壤，有良好的改良土壤和增产效果。腐熟的猪粪可作追肥和基肥，一般作追肥。每亩用量2 500~3 000 kg。猪粪在用干土垫圈时粪土比一般为（1∶4）~（1∶3），同时注意不要把草木灰倒入圈内，导致氮肥流失。

牛粪分解慢，所以一般作基肥。牛粪尿最好经腐熟后施用，同时不能和碱性肥料混合施用。羊粪尿适合各类土壤和植物，可作基肥和追肥。牛粪含水较多，通气性差，分解腐熟缓慢，常被称为冷肥，而羊粪粪质细密干燥，发热量比牛粪高发酵速度快，被称为热肥。同时牛羊粪中纤维素、半纤维素含量高，必须经过混合沤制才能加速其分解，成为较好的有机肥。蔬菜生产上牛羊粪施用主要以基肥为主，质地较黏重的土壤最适合施用腐熟的牛羊粪。据调查发现，施用牛羊粪的大棚土壤通透性明显优于施用人粪尿、鸡粪的大棚，并且减轻根结线虫为害。另外，牛羊粪总肥效较低，因此使用时应适当增加施肥量，一般每亩施用量以8 000 ~ 10 000 kg为宜。

马粪尿是热性肥料。发热量大，一般不单独施用，主要用于温床的发热材料（如甘薯和蔬菜育菌时做温床酿热物）。驴骡粪的施用同马粪。

兔粪适合于各类作物和土壤，腐熟的兔粪可作追肥，也可垫圈作基肥。也可将兔粪制成粪液作叶面喷施，喷施量根据作物种类而定。一般小麦孕穗期，每亩用粪液2.5 kg，加水7.5 kg，扬花期用粪液15 kg，加水220 kg，灌浆期用粪液20 kg，加水300 kg。兔粪无论作基肥追肥或者叶面喷施都有显著的增产效果，而且明显减少地下害虫。

鸡粪在堆积腐熟过程中易发热引起氮素挥发，所以适合干燥存放。鸡粪适合各类土壤和作物，由于鸡粪分解快，宜作追肥，鸡粪不但能提高作物产量，同时还能提高作物品质。由于鸡粪中含有大量的养分，施用量每亩不宜超过2 000 kg。

鸡粪是目前保护地蔬菜上应用最广泛的有机肥，可作基肥、追肥施用。作基肥时，为避免肥害，施用时必须注意以下几点：一是杀虫灭菌。鸡粪中含有虫卵，还有大量腐生菌，施用前大部分菜农习惯先堆积高温腐熟，以杀灭虫卵，但鸡粪经过高温腐熟后肥效会降低，因此生产上不提倡使用该法。施用前1 m³鸡粪可加入阿维特线威颗粒50 ~ 70 g、多菌灵200 ~ 250 g，掺和均匀后再施用。二是提前施用。保护地蔬菜田更应提前施，使鸡粪在蔬菜定植前就能在土壤中完成腐熟，切忌施用鲜鸡粪后立即覆盖塑料棚膜，否则高温会引起氨气大量挥发，极易对棚内蔬菜造成氨害。三是适量施肥。施用鸡粪作基肥一般每亩用量以7 000 kg为宜，施用过多常常引起土壤pH值升高，土壤碱化。鸡粪作追肥时，一般在晴天早晨施用，稀释时应加入2%阿维乳油等杀虫剂和50%多菌灵可湿性粉剂等杀菌剂，稀释4 ~ 5倍后随水冲施，一般每亩次施用量为500 ~ 750 kg。追肥原则是"少量多次"，一次施用不要过多，以免造成氨害。

鸭粪可采用草炭垫圈、定期清扫然后放置于阴凉处堆放积存。鸭粪养分含量较鸡粪低，施用量可高于鸡粪。

鹅粪的施用同鸡粪和鸭粪。鸽粪数量虽少但养分丰富，可与其他畜禽粪混合堆沤后作为基肥或堆肥。

蚕沙是一种优质肥料，也是池塘养鱼的好饲料。蚕沙可贮藏在容器里，数量多时可挖不渗漏的坑进行贮存，也可加入蚕沙数量3%的过磷酸钙一起混匀压实保存。蚕沙适合各类土壤和作物，作追肥和基肥效果均好。

二、堆沤肥类有机肥及其施用技术

堆沤肥类包括厩肥、堆肥、沤肥、沼气肥。

畜禽粪尿与各种垫圈材料混合堆沤后的肥料即厩肥，也有机械化养猪、养牛等所得的液体厩肥。包括猪圈肥、牛栏肥、羊圈肥、马（驴、骡）厩肥、兔窝肥、鸡窝粪和土粪等。施用方法参考粪尿肥部分。

堆肥包括：小麦秸秆堆肥、玉米秸秆堆肥、水稻秸秆堆肥和杂草堆肥等。随着农业机械化程度的提高、秸秆机械化还田技术的推广，此类堆肥的数量逐渐减少。随着劳动力市场价值的提高，沤制肥料的数量在农村也逐渐减少。

堆肥类有机肥在大田作物生产中一般作为基肥一次性施入。施用量根据土壤肥力、质地、作物品种和目标产量等确定。冬小麦一般要求高产田每亩施有机肥3 000 kg，中产田3 000 ~ 3 500 kg，低产田3 500 ~ 4 000 kg，撒施后耕翻均匀，同时配合施用无机肥。高产田要控氮、稳磷、增钾，并根据土壤养分状况，补充硫、硅、钙、锌、硼、锰等中微量元素。一般每亩施氮13 ~ 15 kg、磷（P_2O_5）6.0 kg、钾（K_2O）10 ~ 12 kg、微肥0.5 ~ 1.5 kg。有机肥、磷、钾肥和微肥全部基施，氮肥40%作基肥，60%作追肥。中产田要稳氮、增磷，适当施钾，氮磷配比为2：1。一般每亩施氮13 ~ 15 kg、磷（P_2O_5）6.5 ~ 7.5 kg、钾（K_2O）6.0 ~ 9.0 kg、微肥0.5 ~ 1.0 kg。氮肥60% ~ 70%作基肥，其余追施。低产田要增氮增磷稳钾，氮磷比例为1.5：1。每亩施氮9.0 ~ 10.0 kg、磷（P_2O_5）6.0 ~ 6.5 kg、钾（K_2O）4.0 ~ 6.0 kg，可采用"一炮轰"施肥法。

堆肥也大量应用于果树栽培，果园施肥应集中施在根系周围，以便最大限度地发挥肥效。秋季重施有机肥是增加果园有机质含量、增强树势、提升果品档次的有效途径。秋施有机肥应突出"早、杂、多、变"。在时间上力求"早"。一般在果实收获后进行，最适宜时间为9月中上旬至10月下旬。因为根据果树根系生长和需肥特点，此时正是根系年生长第3个高峰期。土温适宜，墒情较好，有利于根系对养分的吸收利用。实践证明，9—10月施肥时铲断的根到11月土壤封冻前，伤口全部愈合并能生长1～2 cm，肥效提高1.5～2倍。早施有机肥，速效养分被吸收，大大增强了果树秋叶的光合效能，有利于树体有机养分积累，使枝芽充实，花芽饱满，为翌春开花、发芽、生长发育奠定了基础。过晚施用有机肥（基肥），常造成铲断的根不能愈合，影响树体对土壤水分和养分的吸收，特别是2—3月施入有机肥的果园，5—6月才能发挥肥效，此时正值花芽分化期，过多的养分不利于花芽形成，从而扰乱树体正常生长发育，易引发树体徒长。在种类上力求"杂"。秋施有机肥时各类含有机质的物质都可使用，如各种家禽家畜的粪便、厩肥、堆肥、沼肥，各种秸秆、动物屠宰的下脚料、绿肥、土杂肥、饼肥、腐殖酸和农村城镇的废弃有机物等，这些有机物一般要经过无害化处理或腐熟后施入，切忌将有害有毒物质混入或将未经腐熟的有机肥直接施入土壤，在数量上力求"多"。坚持"斤果斤肥"的原则，一般每亩施农家肥3 000～4 000 kg或商品有机肥400～500 kg。有条件的农户可按每年生产1 kg苹果施1.5～2倍有机肥的标准进行。另外，秋施有机肥时，应配合定量的氮磷钾化肥作基肥一次施入，幼树每株配施过磷酸钙1～2 kg；结果树按生产1 000 kg果实配施过磷酸钙40 kg、硫酸铵30 kg、硫酸钾10～12 kg，或高浓度复合肥30～50 kg。在方法上采取"变"。各种施肥方法要交替使用。幼树或初果树可采用环状沟施或带状沟施，沟宽30～40 cm、深40～50 cm，逐年沿树冠向外延伸扩展，直至全部翻通。结果树采用放射沟或条沟，沟宽深各40～50 cm，或全园撒施，深翻30～50 cm。

由于北方地区果树和南方果树在品种等方面的差异，根系的垂直分布则随树种、土质、栽培条件等不同而异。一般柑橘根系分布较浅，绝大部分吸收根分布在25～35 cm的土层中。因而施肥对应根据上述情况掌握合适的施肥部位，深度应以20～30 cm为宜，并注意根系分布深的果树要深施，根系分布浅的果树要浅施；黏土地要深施，沙土地要浅施；地下水位低的园地要深施，地下水位高的园地要浅施；成龄树要深施，幼龄树浅施。生产中往往有些水浇条件差的园地因浅施或地面撒施有机肥引起烧根、根系上返养分损失；而部分果农开沟施有机肥时若深度至60 cm以下，则会造成根系呼吸受阻，肥料不能被及时吸收，降低肥料的利用率。对于无法获得足够数量农家肥的蔬菜种植区域可选择商品性有机肥。商品有机肥一般作基肥施用，也可以用作追肥。在用法上，根据土壤肥力不同推荐量应有所不同，对高肥力新菜田（有机质>2%），可以控制商品有机肥用量每亩300～500 kg；中肥力新菜田（有机质1.5%～2%）可每亩施用1 000 kg商品有机肥；低肥力新菜田（有机质<1.5%）要强化培肥力度，每亩需要商品有机肥1 000～2 000 kg。有机肥作基肥时，配合施用少量的氮磷钾复混肥或磷钾肥，作基肥施入效果会更佳。

三、秸秆类有机肥及其施用技术

秸秆是农作物收获后的副产品，也是重要的有机肥源。秸秆直接还田能促进有机物就地转化，达到增值、增收、省工、节本的目的。

小麦秸秆是主要秸秆资源。根据养分测定，含粗有机物83%（烘干）、有机碳39.9%、氮0.65%、磷0.28%、钾1.05%、钙0.52%、镁0.17%、硫0.10%、硅1.50%和微量元素。小麦秸秆还田的方式有高留茬还田、小麦秸秆铺田、联合收割机粉碎还田。

玉米秸秆是主要的有机肥源，玉米秸秆平均含粗有机物81%（烘干）、有机碳44.4%、氮0.92%、磷0.15%、钾1.80%，钙0.54%、镁0.22%、硫0.09%、硅2.98%，同时还含有微量元素等。玉米秸秆还田最有效的途径是机械化粉碎还田。

第五章 高密市畜禽粪污资源化利用

第一节 畜禽粪污治理探索路径

养殖废弃物污染是摆在当前各级党政面前的新课题，它制约农业健康绿色持续快速高质量发展，从而引起社会广泛关注。高密市是畜禽养殖大市，已连续16年荣获全国生猪调出大县称号，生猪年出栏百万头以上，肉鸡年出栏1亿只以上。近年来，畜牧业高速发展，养殖基数大，治污压力也相应加大，据测算，全市每年畜禽粪污产生量约200万t。随着广大群众对美好生活的不断向往，对生态环境的要求也越来越高，畜牧养殖业面临着严峻的环保压力。

一、依托科技手段实现畜牧产业转型升级

众所周知，畜禽粪污中不仅含有植物所需的氮、磷、钾，还有丰富的钙、镁、硫中量元素和铁、锰、铜、锌等微量元素及其他多种有益元素，同时也含有丰富的有机质，既可以为农作物提供多种养分，又能改良土壤。鉴于畜禽粪污的优良特性，高密市实施了变废为宝的做法。2017年以前，高密市规模养殖场畜禽粪污处理设施配套建设比例约60%，当时，很大一部分的畜禽粪污的主要处理方式是自然堆积发酵模式，科技含量较高的模式是六和种猪场粪污达标排放模式。现实中存在按照治污思路进行畜禽粪污治理资金投入大，不符合高密市中小型养殖户占比大的实际，不能最大限度发挥畜禽粪污的资源属性。2017年，国务院办公厅出台《关于加快推进畜禽养殖废弃物资源化利用的意见》、农业部印发《畜禽粪污资源化利用行动方案（2017—2020年）》等系列政策，为高密市畜禽粪污资源化利用工作指明方向，即走"种养结合、农牧循环"的路子。畜禽养殖废物资源利用的号角已吹响，高密市即时转变发展理念，研发实用技术，探索综合利用方法，多渠道开启畜禽粪污的最大化利用模式。当年，高密市成功申报畜禽粪污资源化利用整县推进项目；2021年，成

为绿色种养循环农业项目试点县，项目实施3~5年，坚持"政府引导、企业参与、市场运作、整县推进"原则，以整县推进项目实施为抓手，应用新技术、新方法，探索一条多元化的畜禽粪污资源化综合利用之路。

二、网格化推广畜禽粪污资源化利用

高密市不断探索"源头减量、过程控制、末端利用"各个环节的技术模式，以种植业为依托，以沼气工程建设和有机肥加工为手段，积极引导畜禽养殖场和农户采用自然发酵还田、加工制肥就地还田、有机肥生产、沼气工程、发酵床等方法，努力实现区域内种养结合资源循环利用。利用市镇村三级推广体系，安排科技指导员，进行网格化技术服务，畜禽粪污多元化利用逐步形成体系。其中，自然发酵就近还田模式在高密市较为普遍。支持中小型养殖户配建储粪棚、沉淀池进行畜禽粪污全量化收集，然后，经过2~3个月自然堆腐熟化后，作为肥料供给养殖户周边的种植户使用，该模式对生产设施的要求较低，处理工艺简单，成本较低，适用于绝大多数的养殖户。这种模式虽然处理的周期长，但是全市4 000多家养殖场户按"防雨防渗防溢流"要求，进行了畜禽粪污处理基础设施配建，畜禽养殖场户按规范配建畜禽粪污收储设施（图5-1），为畜禽粪污统一收集运输利用提供必备条件。

图5-1 养殖场户规范配建畜禽粪污存储设施

三、机械化助力畜禽粪污资源化利用

为进一步提升高密市畜禽粪污资源化利用科技水平，遴选多家规模养殖场创建加工制肥就近还田示范点，采用立式发酵、卧式发酵、槽式发酵设备，依靠微生物对固体畜禽粪污进行好氧堆肥发酵，发酵前需加入发酵菌种，发酵过程中不断进行翻堆，从而促使其腐熟。其中，密闭式高温好氧发酵仓得到养殖户一致认可。该发酵筒仓装置（图5-2）从顶部进料，底部卸出腐熟物料，堆肥周期为6~8 d，无须辅料。由于原料在筒仓中垂直堆放，所以这种装置使堆肥的占地面积变小。因该设备是每天进料、每天出料的连续处理方式，所以简洁卫生，而且能轻松实现畜禽粪污的腐熟，使之转变为优质安全农家肥。密闭式高温好氧发酵系统不受季节影响，处理方法科学彻底，废水和臭气处理完善，无二次污染。

图5-2 筒仓式畜禽粪污发酵设备

四、专业化推动畜禽粪污深度利用

高密市南洋食品有限公司是一家集养殖、屠宰、饲料加工等为一体的国内知名农业龙头企业，现有自属养殖场46个，年养殖1.2亿羽，共占地约1 755亩，2017年开始畜禽粪污处理，成为制约公司发展的瓶颈。从南洋食品第22养殖场了解到，该场每养一批鸡就要产生600多立方米鸡粪，一年就是4 000多立方米，公司周边无流转农田用于粪肥还田，甚至有时候要付费给周边老百姓，让他们帮助消纳，这么大的量处理起来是难点、痛点。

为了打通产业发展与生态建设的堵点，2017年底，南洋食品投资8 000余万元，组建了1处大型商品有机肥生产企业——南洋鸿基生物科技有限公司（图5-3），该公司已于2018年3月投产，拥有自动化生产线2条，具备颗粒肥产能15万t，生物肥年总产能30万t。

公司成立了专业化技术团队，通过物化催腐技术实现集约化鸡粪的快速无害化和腐解。针对肉鸡养殖废弃物原料与山东地区的土壤、气候特点，升级优化

图5-3 南洋鸿基15万t有机肥项目

新型物化促腐技术，建立本地生物化—生物联合发酵堆肥技术集成体系，用于公司核心白羽鸡养殖基地和种鸡场养殖废弃物的原位快速无害化处理。在此基础上，形成了基于生物化—生物联合发酵技术和快速连续好氧发酵技术的集约化肉鸡粪肥料化利用生产技术体系。

通过引用先进的微生物技术、添加功能型强大的发酵菌种，在除去有害物质的同时，将所有营养成分转化为可以直接被植物吸收利用的蛋白质、腐殖质和螯合态中微量元素，为生态肥料提供安全、无害、有效成分充足的优质原料，确保制作生产出的有机肥料和生物肥料的高效性。

2021年，通过"统一收集、统一运输、集中处理、资源化利用"方式，处理12.3万t鸡粪，生产有机肥9.5万t，产值9 000余万元。南洋鸿基生物科技有限公司拥有首家潍坊市级农用微生物肥实验室，也是高密市唯——家利用畜禽粪污生产商品有机肥企业。截至目前，南洋鸿基生物科技有限公司已经获得8个有机肥、4个生物有机肥和7个微生物菌剂登记证号。

科学技术是第一生产力，南洋食品突破瓶颈，寻求技术创新，变危为机，畜禽粪污生产有机肥成了企业新的利润增长点。畜禽粪污有效处理也为企业发展提供了保障。2019年开始，南洋食品对孵化、养殖、屠宰、饲料、肥料、熟食6个板块提质扩产，利用3年时间，已经打造成拥有1亿只肉鸡全产业链的知名农业龙头企业。

五、区域化推进畜禽粪污资源化社会化服务

治污科技水平不断提升，为高密市畜禽粪污资源化利用提供了新思路。为实现效益最大化，紧盯畜禽粪污深度利用，以能源化和肥料化两个方向为目标，高密市整合现有技术、资源优势，旨在做足畜禽粪污专业化、无害化处理文章。2018年开始，以全国畜禽粪污资源化利用整县推进项目实施为抓手，在全市范围内规划建设了5个区域性集中处理公司，包括1处年发电1 100万度大型沼气工程、4处畜禽粪污集中处理公司。以专业化科技团队为主体，通过区域性推进，补齐高密市畜禽粪污资源化利用社会化服务短板，推动畜禽粪污资源化利用运行机制不断完善。

1处年发电1 100万度大型沼气工程，由潍坊恒阳环保工程有限公司投资8 655万元建设，占地56亩，通过厌氧发酵生产沼气，日产沼气2.1万m³，年可处理

50万头生猪产生的约40万t粪污，沼气用于发电约1 100万度，年可生产沼液36.6万t，沼渣2.7万t，经处理后还田利用（图5-4）。同时，为确保原料充足，结合改善农村人居环境，大型沼气工程也将用于处理全市部分农村厕所粪污。

图5-4　21 000 m³大型沼气工程

根据养殖情况分布，在密水街道、醴泉街道、柴沟镇、咸家社区建设了4处畜禽粪污集中处理公司（图5-5），分别为高密市德禾资源环保科技有限公司、高密市惠田资源环保科技有限公司、高密市安禾资源环保科技有限公司、高密市德农资源环保科技有限公司，4家公司分片区对畜禽粪污进行专业化收集、无害化处理。4个公司涵盖卧式发酵、槽式发酵、立式发酵3种模式，通过快速腐熟，畜禽粪污得到更加专业化、无害化处理，集中处理公司生产的生物有机物质，不但可以直接还田，改良土壤，改善地力，实现绿色种养循环，还可以用于生产商品有机肥，提升畜禽粪污产品附加值。

图5-5　畜禽粪污集中处理中心

整县制实施畜禽粪污处理，是推进县域畜牧治理能力现代化的重要体现，也是当前畜禽粪污资源化利用的现实需要。目前，高密市"114N"服务体系初步形成，即1处年发电1 100万度大型沼气工程、1处年产能15万t有机肥生产企业、4个畜禽粪污处理公司、N处多元化处理点。按照"大中型通过社会化处理第三方运营，小型通过多元化方式自主处理"思路，采用"农用有机肥就地就近还田利用"和"集中处理与分散处理相结合"做法，探索建立畜禽粪污资源利用"114N"社会化服务体系，利用社会化服务组织技术优势，实现畜禽粪污科学化、标准化还田利用，促进养殖规模化、效益最大化，让畜禽粪污"变废为宝"。此外，完善的畜禽粪污处理利用运行机制离不开科技手段的创新，启用高密市智慧畜牧平台畜禽粪污资源化利用模块，实现畜禽粪污收集、处理、运输、利用电子建档，全程可追溯。

第二节 畜禽粪污处理设施配建及要求

一、规模养殖场及"规下小户"配建

（一）规模养殖场配建

为实现全县域畜禽养殖场户粪污处理设施配建达到100%，2020年，高密市以"全配建、零直排"和"粪污无害化处理、粪肥全量化还田"为目标，按照"属地管理、联合整治、全域展开、一步到位"的原则，开展畜禽粪污处理设施配建及粪污还田规范管理。提出规模养殖场"三防四净两规范"九项要求，即防雨、防渗、防溢流；污水池周边干净、储粪棚周边干净、养殖场污道干净、养殖场周围干净；运行规范、雨污分流规范。

制定"一方案一办法"，即《畜禽养殖粪污处理设施配建专项行动方案》《畜禽粪污资源化利用管理办法》，指导养殖场户根据需要配建多元化粪污处理设施并确保正常运行；印制"记录台账"，即《高密市养殖场（户）畜禽废弃物资源化利用无害化处理记录台账》，实行"现场管理"和"去向管理"；悬挂"一张牌"，即畜禽粪污处理设施指示牌，鼓励公众参与畜禽粪污治理监督管理；建立"三级网格"，即市镇村三级网格化管理机制，启动三级日常巡查，构建畜禽粪污综合整治长效机制。

（二）"规下小户"配建

畜禽养殖小户体量大、监管难。2018年，高密市以全国第二批畜禽粪污资源化利用整县推进项目为契机，全面完成了县域1 032家规模场畜禽粪污处理设施配建。2020年，按照"逢场必建、有建必用"定位，开始着重解决

3 000余家"规下小户"（指专业户、小散户）设施配建问题，打通了整县推进项目"最后一公里"。

明确标准，逢养必建。2020年3月，高密市按照"小场小配建、逢养必配建"的工作思路，探索总结中小养猪场建窖池成本低、厌氧发酵易操作、管道运输经济实惠、粪水一体还田高效利用、中小肉禽场建储粪棚先行先试做法，在全域推开"规下小户"配建工作，全面推行"一控二分三防两配套一基本"标准化建设，按照"属地管理、联合整治、全域展开、一步就位"原则，按照"谁养殖谁出资""谁受益谁出资""谁区域谁负责"要求，建立了养殖主体出资、主管部门技术指导、政府属地组织的工作机制，明确提出"全配建、零排放"的工作目标。各镇街制定出台"一方案、一办法"（即畜禽养殖粪污处理设施配建专项行动方案、畜禽粪污资源化利用管理办法），明确配建标准、完成时间、还田要求，压实社区、镇街、村庄三级责任，并列入镇街区综合考核。全市发通报12期，畜牧主管部门全员出动"场场到指导、户户去推广"，3 000多个专业户、散户全部完成配建，总投资4 000余万元。

部门联动，综合施治。成立由分管市长为组长，畜牧、环保、农业、公安、镇街等为成员的工作专班，明确要求各镇街主要领导抓总组织，环保部门负责依法处置，畜牧等部门主动参与，定期召开畜禽粪污整治专班会议，形成"党委社区村支部兽医站养殖户"五方协同机制，建立畜禽粪污直排群众有奖举报制度、动物产地检疫和粪污处理联动、养殖污染以罚促改、养殖污染典型案例定期曝光、统一制作安全警示监督管理牌等系列长效管理机制，提升现代畜牧业治理体系和治理能力。

（三）畜禽粪污全过程监管新机制

高密市认真贯彻落实新发展理念，坚持流程再造，不断探索机制创新，建立"双随机一公开"等级评定方法，启用"智慧畜牧"平台管理，明晰"五位一体"责任机制，实现畜禽粪污从产生到还田的全程可视化监控和智能化管理，解决了畜禽养殖体量大、监管难度大的问题。

动态评级，台账化管理。全面推行台账管理，建立动态等级评定机制，把粪污收集运输过程变为"打卡销号"过程，保障了全程规范化运行。创新"三防四净两规范"工作标准，全年实现5 000余家养殖场户ABC三级评定。建立"双随机一公开"评级管理机制，成立工作专班，每月对100家规模场、

60家非规模场进行现场查看、现场评级、现场拍照、现场处理，对未配建及直排养殖户建立台账，由环保部门依法处罚并纳入重点监管数据库，周期性跟踪督导整改。

智慧引领，平台化管理。在完成畜禽粪污处理设施"全域配建"的基础上，依托"智慧畜牧"建设，围绕"114N"服务体系，搭建畜禽粪污资源化利用平台，实行平台管理，建立"电子台账"，实现收集处理消纳一体化推进、全过程监管，确保粪肥还田规范有序。平台共有11个单元，包括第三方6个子系统和5类养殖主体子系统。监督检查主要是线下每月抽取100家规模养殖场50家非规模养殖场开展双随机检查，一场一策开展整改，并上传至平台。视频监控主要对重点企业、第三方进行远程实时监控。通过平台，实现了"报收、收集、入库、出库、审核、还田"工作流程再造，实现了从收集、处理到消纳各个环节的实时跟踪、精准定位，畜禽粪污从产生到还田的全程可视化监控和智能化管理，确保粪肥还田长效规范有序。

五位一体，网格化管理。按照"市级政府责任主体、乡镇政府管理主体、村级落实主体、养殖户受益主体、第三方专业服务机构服务主体"责任体系流程化管理，实施五位一体立体管理。坚持属地管理、联合整治的原则，形成市镇村三级巡查机制。市级层面成立由分管市长任组长的养殖污染防治专项领导小组，统筹推进畜禽粪污监管工作。镇街层面坚持属地管理原则，以社区为单位，建立村级网格，联合基层畜牧兽医站动物协管员队伍力量，形成网格化管理合力。116个网格管理员对网格内所有养殖场户畜禽粪污资源化利用情况开展定期巡查，督促养殖户落实畜禽粪污防治主体责任，配建设施、还田利用，无法就近还田利用的，指导其与南洋鸿基、潍坊恒阳环保等第三方专业服务机构签订契约化处理协议，确保畜禽粪污零直排。

二、畜禽粪污处理设施配建具体要求

保障畜禽粪污资源利用的基础是完成畜禽粪污处理设施配建。"全域配建、整县推进"是高密市实施畜禽粪污资源利用的整体思路。"全域配建、整县推进"的实施，能更好地打牢畜禽粪污还田利用基础，综合调动政府、社会、市场、公司积极性。

做好畜禽粪污收集贮存工作，重点是做好"一控、三分、四防、两配套、一基本"等基础设施建设和完善，提高畜禽粪污的收集率。"13421"的做法是在"12321"基础上增加了"干湿分离"和"防臭"措施，并且对"一基本"，即"基本实现粪污全收集"的做法进一步优化和发展（"12321"来源于《山东省畜禽养殖粪污处理利用实施方案》）。

（一）"一控"：控水，控制用水量，压减污水产生量

1. 控水的原因

一是畜禽养殖污染的主要构成是污水，污水处理的成本高，要达到达标排放的要求，一般1 t养殖污水处理成本不低于7元；二是山东省是缺水省份，山东省的淡水资源只占全国的1.1%，而人口占全国的7%，农牧产品产量约占全国的10%。

2. 控水环节

（1）饮水方式。改进饮水器，减少猪的嘴角漏水及玩水。由长流水饮水方式改为鸭嘴式饮水器，进一步改进为碗式饮水器，并安装限位阀。

（2）清粪方式。采用干清粪的方式清理粪便，用这种方法比水冲粪节水40%。

（3）喷淋降温。将降温水由洒水变成喷雾方式，电脑控制喷雾时间，大量减少了清水用量。喷雾不形成径流，降温过程不产生废水。通过电脑控制，1头上市猪的降温用水量由传统的70 L降至20 L。

（4）圈舍清洗。使用高压水枪的方式清洗圈舍，可有效减少清洗、消毒用水。传统的方式用普通水管刷圈消毒，浪费大量清水，而高压水枪设置18~20个大气压，使用少量清水就能完成刷圈消毒。传统方式清圈消毒，一头上市猪用水为24 L，采用高压水枪，可降至8 L。青岛新盛牧农业发展有限公司采用这种方式用水量由50 m³降到5 m³。

（5）制度措施。安装水表，控制人为浪费和管道滴漏。猪场内清水管道老化破裂、接口松动及饲养员节水意识不强等，会使废水产生量增加。通过每个猪场安装总水表，每栋猪舍安装分水表，每个单元安装支水表，并制定相应的用水标准和奖罚措施，强化管理，严格控制用水浪费。通过水表管理，每上市1头猪可节水200 L左右。

（二）"三分"：雨污分流、干湿分离、固液分离

1. 雨污分流

雨污混流是污染形成的主要原因之一，所以有必要建设符合要求的雨污分离设施。雨污分离，即污水通过暗管、暗沟输送到污水贮存池，雨水通过明沟外排（污水沟一定要封闭好，否则就形同虚设）。污水输送设施要求暗管直径不小于30 cm，污水沟边沿必须高于地面10 cm以上，避免雨水径流而入。

2. 干湿分离

一般是指舍内收集之前分离。采用人工干清粪或机械刮板清粪方式，实现粪尿即产即清及时分离。

3. 固液分离

一般是指舍外收集之后分离。固液分离的对象是水冲粪、水泡粪、干清粪的粪水，还有沼气工程的沼液。一般固液分离的方法有固液分离机、沉淀法、泪墙法等。奶牛粪污、沼液经固液分离后，固体可用作卧床垫料。潍坊市熠瑞奶牛场用了此项技术模式。

（三）"四防"：防渗、防雨、防溢流、防臭

1. 防渗

内壁和地面应做防渗处理，地面须水泥预制。具体参照《给水排水工程构筑物结构设计规范》（GB 50069—2002）相关规定执行。

2. 防雨

为起到防雨作用，要求储粪棚三面围挡，顶棚与围挡之间排气空隙最宽不超过1 m，保证下雨不会淋入，储粪池盖封闭无破损，用薄膜毡布覆盖，无杂物堆放，有排气孔，有警示牌。

3. 防溢流

有预制防溢流带（高不低于10 cm、宽不低于30 cm、长度与棚同长）或有超过1%的防溢流坡度。

4. 防臭

一是生物除臭。可采用饲喂益生菌、圈舍内喷雾、舍外喷雾、堆肥添加除臭剂的方法。益生菌的使用贯穿于饲料发酵、粪污治理和环境处理3个环节，能有效提高饲料转化率、控制疫病和用药、抑制恶臭气体产生和排放。二

是物理除臭。主要是通过覆盖等密封措施除臭，如堆肥密封、室内堆肥等，当然沼气工程也可以除臭。另外，还有吸附、溶解等方法。

（四）"两配套"：配套建设储粪场和污水储存池

要在隔离区内，配套建设储粪池、污水池，且符合"四防"要求，容量与产生量和清运频率相当。

1. 粪便贮存池建造的基本要求［《畜禽粪便贮存设施设计要求》（GB/T 27622—2011）］。

（1）地面为混凝土结构。防水，坡度为1%，设排污沟。

（2）墙体。墙高不宜超1.5 m，砖混或混凝土结构、水泥抹面；墙体厚度不少于240 mm，墙体防渗。

（3）顶部设置雨棚。高不低于3.5 m。

（4）其他要求。雨污分流；防护设施；专门通道。

（5）容积。能容纳2个月。1头猪0.1～0.13 m³、奶牛、肉牛一般分别不低于1.0 m³、0.5 m³，存栏500只蛋禽1 m³，每出栏2 000只肉禽1 m³。

2. 污水贮存池基本要求［《畜禽养殖污水贮存设施设计要求》（GB/T 26624—2011）］

（1）内壁和底面应做防渗处理。

（2）底高于地下水位0.6 m以上。

（3）深度不超过6 m。

（4）地下污水贮存设施周围应设置导流渠（高于地面20 cm），防止径流、雨水进入贮存设施内。

（5）进水管道直径最小为30 cm。

（6）周围应设置明显的标志和围栏等防护设施。

（7）容积。每存栏1头猪0.3 m³，1头奶牛一般不低于3 m³，存栏1头肉牛1.5 m³，存栏500只蛋禽1 m³，每出栏2 000只肉禽1 m³。

（五）"一基本"：基本实现粪污全收集

"一基本"的实现，主要是依靠好的设施配建，以及提高养殖户资源化利用意识。

第三节　畜禽粪污资源化利用主推模式

一、自然发酵还田模式

（一）模式特点

畜禽粪污经过自然堆腐熟化后，作为肥料供给养殖户周边的种植户使用。该模式对生产设施的要求简单，成本较低，但要配套建设大小适应的储粪场、污水池及粪水运输车辆，采取有效的防雨、防渗、防溢流措施，养殖场周围有足够的农田消纳养殖场畜禽粪污。根据清粪工艺的不同，这种模式又可分为粪污全量收集还田模式和固体粪便堆肥利用—污水肥料化利用模式（图5-6）。

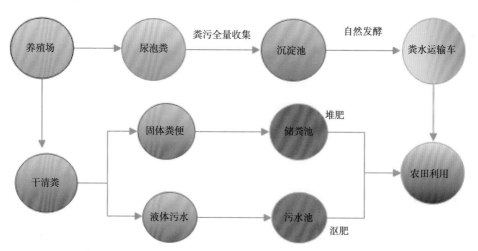

图5-6　畜禽粪污自然发酵还田技术路径

（二）适用范围

该模式主要用于大多数中小型规模养殖场户。目前高密市1 032家规模养殖场户中采用自然发酵还田模式的占96.8%。

（三）案例分析

粪污全量收集还田模式是养殖场产生的粪便、粪水集中收集到三级沉淀池进行自然发酵，在施肥季节还田利用。这种模式多适用于采用尿泡粪的生猪养殖场。以年出栏500头的猪场为例，年产生粪污总量约477 t，猪场粪污不进行固液的分离，粪便、污水一起进入足够大的沉淀池，若存贮周期为2个月，沉淀池容积不小于80 m^3，至少需要100亩农田用来消纳全部粪污。

固体粪便堆肥利用—污水肥料化利用模式是养殖场进行干清粪，养殖场需同时配建粪便储存池和污水储存池，固体粪便在粪便储存池进行堆肥发酵，液体污水在污水储存池进行沤肥发酵，在施肥季节进行还田利用。这种模式适用于粪污进行固液分离处理的生猪、肉牛、蛋鸡、肉鸡和羊养殖场户。以年出栏500头的猪场为例，年产生粪污总量约477 t，猪场采用人工或机械干清粪，年产粪便总量约207 t，年产尿液总量约270 t，固体部分存放在不小于32.5 m^3 粪便储存池（容纳2个月，1头猪0.1～0.13 m^3），液体部分存放在不小于45 m^3 污水储存池（容纳2个月，1头猪0.3 m^3）。

二、加工制肥还田模式

（一）模式特点

养殖场除配套建设大小适宜的污水储存池外，自行建设和养殖规模相适应的加工制肥点，采用立式发酵设备、卧式发酵设备、槽式发酵设备等，依靠微生物对固体粪污进行好氧堆肥发酵，发酵前需与发酵菌剂、秸秆混合，同时调节水分、碳氮比等指标，发酵过程中不断进行翻堆，从而促使其腐熟，粪污充分无害化处理后，就近用于自家种植基地或周边农田（图5-7）。

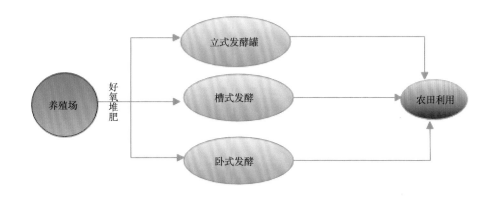

图5-7 畜禽粪污加工制肥还田技术路径

（二）适用范围

主要用于大型规模养殖场户，目前高密市有5处加工制肥就地还田模式。

（三）案例分析

2018年以来，在畜禽粪污资源化利用整县推进项目带动下，高密市从不同畜禽品种遴选现代化、标准化规模养殖场，打造畜禽粪污资源化利用示范工程，培育加工制肥就地还田模式5处。高密市盛德生物科技服务有限公司就是其中之一。

高密市盛德生物科技服务有限公司位于高密市柴沟镇后鹿家村。主要选用密闭式堆肥反应器处理羊粪，密闭式堆肥反应器堆肥系统是一种从顶部进料，底部卸出腐熟物料的堆肥系统。这种堆肥方式典型的堆肥周期为6～8 d（根据原料的成分和水分不同，处理时间有些许差异）。由于原料在筒仓中垂直堆放，因而这种系统使堆肥的占地面积很小。1台容积110 m³的发酵机安装需要的面积仅为54 m²。该设备采用每天进料、每天出料的连续处理的方式，所以简洁卫生，而且能轻松实现畜禽粪便的腐熟，使之转变为优质有机肥。处理的羊粪含有丰富的有机质和N、P、K等养分，是一种优质的有机肥资源。

三、有机肥生产模式

（一）模式特点

有机肥生产主要是采用好氧堆肥发酵，利用畜禽粪便进行商品有机肥生产（图5-8）。

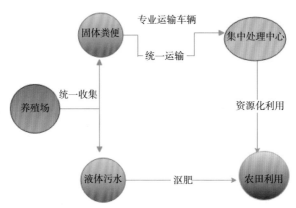

图5-8　畜禽粪污有机肥生产技术路径

（二）适用范围

主要用于具备一定技术能力和资金实力，企业运营、管理水平较高的养殖企业。

（三）案例分析

南洋鸿基生物科技有限公司是由国内知名的农业产业化龙头企业——南洋集团投资组建的大型商品有机肥料和生物有机肥生产型企业，位于山东省高密市阚家镇潍胶路西首，占地80余亩，总投资8 000余万元，建筑面积17 590 m²，2018年3月正式投产运营，拥有自动化生产线2条，具备颗粒肥产能15万t，生物肥年总产能30万t的能力，依托南洋集团化产业链，拥有雄厚的动物蛋白和植物蛋白原料基础。

南洋集团养殖分部目前拥有46个自有养殖场，占地约1 755亩，年养殖量约6 000万羽。目前，南洋鸿基生物科技有限公司通过统一收集、统一运输自有鸡场粪便至发酵厂进行畜禽粪污初加工，再运输至南洋鸿基生产成商品有机肥，是企业内部的"统一收集、统一运输、集中处理、资源化利用"模式。2019年，南洋集团依托企业技术优势，在政府引导下，积极参与高密市畜禽粪污综合整治，全面创新畜禽粪污"统一收集、统一运输、集中处理、资源化利用"模式，投资2 000万元，建设畜禽粪污集中处理公司，用于处理公司覆盖的所有养殖场粪污。目前投产的处理公司有4处，年可处理粪污50万t，具有显著经济效益、社会效益、生态效益。因为实力雄厚，南洋鸿基生物科技有限公司成功竞标高密2021年和2022年绿色种养循环农业试点项目，成为项目服务主体之一。

四、沼气工程模式

（一）模式特点

畜禽粪便、尿液及冲洗污水进行预处理后进入厌氧反应器，经厌氧发酵产生沼气、沼渣和沼液，沼气净化处理后通过输配气系统可用于居民生活用气，沼渣沼液还田或生产有机肥（图5-9）。按工艺流程及设施设备分为地上沼气工程和地下沼气工程两种。按沼气工程规模分为户用沼气池（50 m³以下）、小型沼气工程（50～500 m³）、中型沼气工程（500～800 m³）、大型沼气工程（800～5 000 m³）和特大型沼气工程（5 000 m³以上）5种。

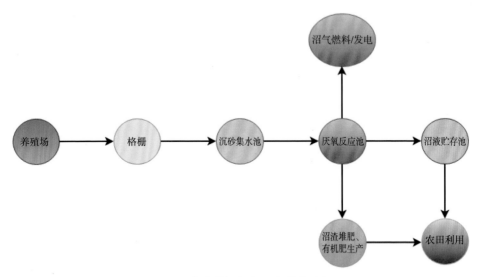

图5-9　畜禽粪污沼气工程技术路径

（二）适用范围

根据沼气工程大小，适用于不同的养殖规模。目前高密市采用沼气工程的养殖场户数共计54个，占全市养殖场户的5.23%，其中，户用沼气池（50 m³以下）4个、小型沼气工程（50～500 m³）41个、中型沼气工程（500～800 m³）3个、大型沼气工程（800～5 000 m³）6个。

（三）案例分析

潍坊恒阳环保工程有限公司21 000 m³的特大型沼气工程，位于高密市阚家镇西李戈庄，于2020年底建成运行。作为区域性集中处理公司，可以收集周边10 km内的专业养殖户和规模化养殖场的粪污，具体运行情况如下。

粪污收储：生猪、肉牛产生粪污储存在粪污池内，家畜养殖产生粪污储存在粪棚内，吸粪车每天收集沼气站四周粪污池和粪棚的粪污。

统一运送：统一调度吸粪车，去养殖场抽运粪污到沼气站。

集中厌氧处理：这个阶段是整个模式的核心环节，收集的粪污经过CSTR反应器厌氧处理，产生无害化的沼渣、沼液、沼气。

资源化利用：沼渣可生产有机肥，实现沼液还田，代替化肥，使土地增效。沼气可发电并网，实现畜禽粪污的资源化利用。

五、发酵床养殖模式

（一）模式特点

按照一定比例将发酵菌种与秸秆、锯末、稻壳等混合、发酵形成有机垫料，畜禽排泄物能够与有机垫料通过畜禽运动和人为翻动而充分混合和充氧，并被好氧微生物迅速降解、消化、吸氨固氮形成有机肥料。发酵床养殖模式是一种无污染、无排放、无臭气的新型环保生态养殖技术，具有成本低、耗料少、操作简、效益高、无污染等优点（图5-10）。

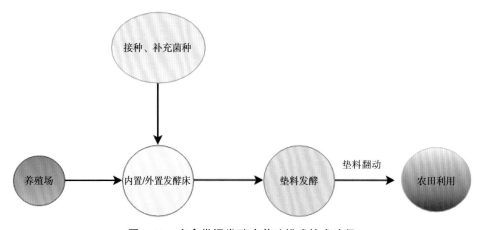

图5-10　畜禽粪污发酵床养殖模式技术路径

（二）适用范围

主要用于中小型规模养殖场，适用品种有生猪、肉鸭、肉鸡。目前，高密市运用该模式的养殖场户20个，占养殖场户的1.9%，其中，南洋种鸡场（1个）、凯加种鸡场（4个）、六和种鸭场、温氏养鸡户（13个）、万俊猪场（有800 m²的养殖场区）。

（三）案例分析

南洋种鸡场发酵床模式采用生物发酵垫料技术，利用微生物菌种，按一定比例混合秸秆、锯末屑、稻壳粉和粪便进行微生物发酵繁殖形成一个微生态发酵工厂，并以此作为养殖场的垫料。再利用畜禽的翻扒习性作为机器加工，使粪便和垫料充分混合，通过发酵垫料中微生物的分解发酵，使粪便中的有机物质得到充分的分解和转化，微生物以尚未消化的粪便为食饵，繁殖滋生。同时，繁殖生长的微生物又向畜禽提供了可食用的无机物营养和菌体蛋白质，两者相辅相成，将发酵垫料演变成微生态饲料加工厂，达到无臭、无味、无害化的目的。垫料最终可通过南洋鸿基生物科技有限公司集中处理，生产成商品有机肥。

（四）技术要点

1. 原料配合技术

农产品加工废弃物及禽畜粪便的分解依靠微生物的作用完成，需要根据各地不同的原料资源，对原料合理配制，满足微生物发酵的最佳条件，达到最有效最充分的转化和废弃资源的利用。

2. 微生物发酵技术

这是制作有机基质的关键技术。已开发的发酵技术，具有效率高、升温快、发酵周期短、腐熟彻底的特点。在发酵过程中能有效杀灭病原菌和有害杂菌，达到无害化的要求。

3. 机械化发酵处理工艺

此工艺由原料预处理系统、高温发酵（一次发酵）、二次发酵和产品加工部分构成。由原料处理机械、传送机械、条形发酵槽、自动翻堆机、粉碎筛分机等组成了机械化流水工艺。原料经合理配比后，按一定比例接种高效分解菌，然后入发酵槽中，由翻堆机翻堆，高温发酵。从发酵槽出来的物料通过粉碎筛分后二次发酵，经无害化和腐殖质化处理后变成腐熟好的有机肥。

六、低成本易推广还田模式

"就地就近粪肥还田"是推进畜禽粪污资源化利用的有效办法。就地就近还田降低畜禽粪肥还田成本，减少输送设施及处理设备上的投入，符合当前高密市大多数养殖户的特点，"兼具种植和养殖经营主体属性"的实际。

近年来，高密市始终坚持"源头减量、过程控制、末端利用"的治理路径，推广使用粪肥一体化经济实用技术，实现粪肥综合高效利用的目标。针对生猪养殖产生粪水多、固液分离成本高、处理设施投入大的实际，在中小养殖户总结推广粪尿水"全量收集、一体发酵、无害化处理、全量化还田"的经验做法，实现了建窖池成本低、厌氧发酵易操作、管道运输经济实惠、粪肥一体还田高效利用的效果，深受群众欢迎。根据高密市实际，鼓励养殖户改进粪污处理工艺，推广使用自动化、机械化设施设备，进一步提升粪肥使用效率。

就地还田模式。以中小养猪户自主消纳为主，建厌氧发酵池3 676个，约38.4万m³，配有污水泵4 000个，管网300余万米，可实现就地还田15万亩。

就近还田模式。以新希望六和、正大等8个万头以上猪场为主，建有自属设施、管网，粪污经过标准化工艺处理，通过管网还田、"小农水"管网对接等方式，免费或农灌用水的价格提供给周边种植户使用。以社会经纪人自配粪肥运输罐车为主，可满足种养户多元化就近还田、就近用肥的需求。高密市登记粪肥罐车200余辆。

第四节　绿色种养循环典型案例

一、高密市惠田资源环保科技有限公司

高密市惠田资源环保科技有限公司位于醴泉街道西双庙村，占地100亩，使用土地为设施农用地，总投资2 000余万元，建筑面积10 000 m²，厂区共有原料、发酵、陈化、加工、生活办公5个功能区。该公司的生产有以下几个特点。

（一）标准实验室建设

采用自主研发的"智能槽式发酵"技术，和国内多家知名院校合作并给予技术支持，配备标准实验室1处。

（二）发酵工艺流程

1. 备料混料

首先，将粪便与辅料混合，根据粪便的水分含量添加辅料，确保混合后物料的水分含量低于60%，之后按照每吨物料添加500 g菌种的量添加菌种。

2. 上料

首先，将粪便通过运输车辆送入发酵槽中，接着将菌种和辅料加进发酵

槽，然后开启搅拌翻抛模式，将上述物料搅拌均匀，每天正常上料。

3. 发酵

物料进入发酵槽内进行连续发酵。开启送风机和除臭系统，温度逐渐上升至65℃，同时灭活病原微生物和有害物质等。

4. 出料

每天从下端将发酵好的有机基质半成品物料放出。

5. 二次发酵

将放出的发酵物料放入陈化车间，在自然状态下对物料进行二次发酵，从而生产出高品质的土壤修复基质半成品。

6. 调配生产

根据二次陈化后土壤修复基质半成品的指标，统一调配后进行生产。

7. 检测

检测合格后，入库。

（三）系统核心发酵技术

多级发酵、多级翻抛、粪料混合、菌种混合、风机曝气、尾气处理六步（图5-11）。

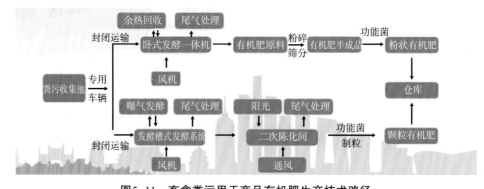

图5-11　畜禽粪污用于商品有机肥生产技术路径

（四）公司主要特点

主料使用禽粪，辅料主要使用蘑菇渣、杏鲍菇渣、糖渣，年使用量约为3.5万m³。

年可处理畜禽粪污8万m³（约为2 000万只鸡的产出量），生产6万t有机肥。

"智能槽式发酵"适合大型养殖场的粪污处理，成本低（耗电量比罐式发酵低75%），产出大，日处理粪污220 m³，适宜12轮15 m³大型运输车连续作业，实现全程机械化作业，全程禽粪不落地。

陈化车间库容储备量大，储备能力约为4万m³，可以较长时间存放发酵槽的物料。

鸡粪收集实行市场化运作，粪污处理实现工厂化生产，自产和社会占比为55∶45，收购价格每立方米25～40元。目前，网格内（15 km）有22个养殖大户（约2 000万只鸡）与公司签订处理协议，小散户（800万只鸡）自行配套处理设施，实行就近还田利用。

公司运营实行独立核算，配备厂长1名，技术员2名，工人6名，大型运输车辆4台。

公司以"无害化处理、资源化利用、生态化循环"为原则，大力开展粪污资源化利用、种养结合模式，实现粪污资源再利用。在施肥季节，无偿为农户指导有机肥施用，减少农户化肥施用量，改良土壤，帮助农户减投增收。

二、山东九盛现代农业发展有限公司

山东九盛现代农业发展有限公司集养殖、种植于一体，采用槽式发酵工艺进行畜禽粪污资源化利用，槽式发酵工艺如下。

（一）发酵工艺流程

在地面上砌出砖混结构的发酵槽，发酵槽底面用混凝土硬化并做好防水处理，将畜禽粪便等与辅料（秸秆等）掺混后至含水量低于60%，与具有特殊功能的微生物发酵剂混匀，将混合均匀的物料用铲车（装载机）分别送入发酵池，每天的配料量为池长的1/25～1/20，发酵周期20～25 d。

发酵物料在池内堆积厚度为1.0～1.8 m，靠翻堆时物料与空气接触提供的氧气进行连续好氧发酵，使发酵物料快速腐熟、灭菌、除臭、去水、干燥，在翻抛机纵、横向行走机构的运送下，高速旋转的圆耙将发酵物料连续不断地抛起、散落并产生一定的位移，使物料在池内有规律、等距离的渐进式后移，每天从发酵池尾端（一天的处理量，池长的1/25～1/20）将发酵好的物料运走，在发酵池前端腾出的空间补充新的发酵物料，从而形成了一种连续的发酵过程。发酵翻堆过程实现了全自动智能化控制。

腐熟后的半成品其水分含量一般在30%～35%，通过20～30 d的腐熟保肥阶段，即可完成整个发酵过程，得到合格的商品有机肥料。

（二）处理效率

由于槽式发酵的发酵池直观感较强，维护简单，可根据产粪量及发酵池容量，灵活调整投料数量，且通过发酵过程自行升温，无须外界施加热能。

（三）处理成本分析

以1 000 m³发酵槽为例，每天可产出有机肥7 t，每吨生产成本为176.3元。槽式发酵日运营成本分析见表5-1。

表5-1　槽式发酵日运营成本分析

序号	项目	数量	单价	金额（元）	备注
1	能耗	45 kW·h	0.64	29	运行功率15 kW，每天工作3 h
2	铲车油耗	5 L	6元/L	30	铲车每天工作1 h
3	菌种成本	2 kg	30元/kg	60	
4	辅料成本	1 t	500元/t	500	
5	人工	2人	150元/人	300	
6	设备折旧			145	设备45万元、铲车8万元。寿命10年
7	场地费用			170	阳光房1 500 m²（含地面硬化、防水、发酵池建设）：60万元，土地租赁费：2 000元/年。寿命10年
合计				1 234	

三、南洋鸿基生物科技有限公司

（一）基本情况介绍

南洋鸿基生物科技有限公司是以生物肥和微生物菌剂为主的生产型企业，依托南洋集团化产业链，拥有雄厚的动物蛋白和植物蛋白原料基础（图5-12）。成立于2016年，总投资8 000余万元，总面积80亩，建筑面积

17 590 m^2，2018年3月正式投产运营，拥有自动化生产线2条，具备颗粒肥产能15万t，生物肥年总产能30万t的能力。公司建有堆肥发酵车间（图5-13）、商品有机肥生产车间（图5-14）和商品有机肥成品库（图5-15）。

图5-12　南洋鸿基生物科技有限公司

图5-13　翻堆发酵车间

图5-14　商品有机肥生产车间

图5-15 商品有机肥成品库

南洋鸿基是我国生态肥料领域具有发展潜力和市场竞争力的现代化微生物肥料生产企业，先后被评为"土壤精准改良标杆企业""绿色肥料十佳企业品牌创新奖""肥料行业成长之星""全国有机类肥料行业知名品牌"等荣誉称号。

依托高密市农业发展资源优势，结合生态园区建设，公司大力推广生态循环农业。公司的规模化种植基地和生态园区达成合作协议，以合作价格出售有机肥、液态肥料供给基地和园区使用，有机肥的使用将有效提升基地和园区土壤的土壤活性，提高农产品质量，如在鲜食水果、蔬菜上，口感的提升尤为突出。

（二）畜禽粪污收集处理、利用流程和关键技术

南洋集团自属肉鸡、场鸡粪通过自动出粪设备系统汇集在各配属发酵场集中无害化发酵处理，发酵过程中控制水分含量在60%～65%，腐熟菌一般含有芽孢杆菌、黑曲霉、酵母菌等几种微生物的混合细菌，腐熟剂添加比例在0.2%～0.5%，将备好的物料与腐熟菌充分混匀后堆积起来，堆高1～1.5 m，宽1.5～2 m，长度40 m或更长，堆肥温度上升到60℃以上，保持48 h后开始翻堆，每2～5 d可用翻堆机翻堆一次。经过完整发酵流程，检验合格后，采用密闭式专用运输车运输至肥料加工车间进行后续工艺，生产系列生态有机肥料产品。公司商品有机肥生产工艺流程见图5-16和表5-2。

根据国内外发展趋势，利用微生物之间的相互作用关系，本项目构建了分解效率高、优势强、效果稳定的分解菌复合系。此菌剂属于好氧微生物，耗能少，发酵成本低，对于难分解的纤维素类物质有极强的分解作用，是目前最

好的发酵菌剂之一。该项目又根据生物发酵的特点和要求，开发了由条形发酵槽和一整套机械组成的机械化流水生产工艺，具有耗能低、操作方便、自动化程度高、用工少、生产量大、效果好的特点。

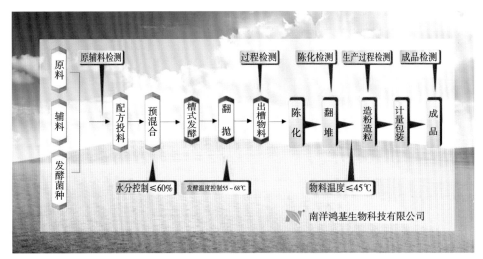

图5-16 商品有机肥生产工艺流程

表5-2 商品有机肥生产工艺流程

主要生产工序说明	生产工艺特点及质量控制说明
配料	计算机控制系统物料配比
粉碎	保证物料充分混匀，保证产品质量稳定性
转鼓造粒	ZL 2019 2 0165899.0造粒均匀的有机肥造粒装置专利
烘干，两次冷却	ZL 2019 2 0166632.3有机肥烘干冷却装置专利
三次筛分	保证颗粒均匀
菌种添加	确保有效活菌数达到产品技术要求
质量检验	经化验室检验出厂必检项目
计量包装	检验合格产品进行包装

复合微生物技术生产特效有机基质工艺具有节能效果显著、无废弃物产生，产品质量大幅提升；可有效解决当前化肥对土壤的危害，恢复土壤生态功能；可有效防止不良副反应的发生；可有效提高装置的操作弹性，原料适应性

强等优点。

南洋鸿基生物科技有限公司通过物化催腐技术实现集约化鸡粪的快速无害化和腐解，一次腐熟小于8 h。针对公司肉鸡养殖废弃物原料与山东地区的气候特点，升级优化新型物化促腐技术和物化促腐，建立本地生物化—生物联合发酵堆肥技术集成体系，用于公司核心白羽鸡养殖基地和种鸡场养殖废弃物的原位快速无害化处理；在此基础上，形成基于生物化—生物联合发酵技术和快速连续好氧发酵技术的集约化肉鸡粪肥料化利用生产技术体系。

（三）运行机制

截至目前，南洋鸿基生物有限公司年可发酵处理鸡粪约12.3万t，生产发酵鸡粪9.5万t，可供应肥料加工车间生产使用。公司通过与种植基地签订有机肥使用协议，回收玉米产品，用于南洋集团自属饲料厂——高密市南洋沃农饲料有限公司加工饲料，实现种养结合。

（四）效益分析

1. 经济效益

投产以来，实现肥料销售30 000余万吨，新增产值4 200余万元。通过高密市畜禽粪污资源化利用整县推进项目实施，新建畜禽粪污集中处理公司，增加了有机肥厂加工能力，公司有机肥生产能力达到30余万吨。

2. 生态效益

经过运营，每年将促进10万t畜禽粪污转化成有机肥，施用有机肥可有效提升土壤有机质含量，增加土壤养分含量，增强土壤微生物活力，改善土壤结构，提升耕地质量。同时，提高高密市畜禽粪污综合利用率，有效减少养殖粪污排放量，削减COD排放量、氨氮排放量，减少化肥、农药的施用量，有效控制农业面源污染，促进农田生态环境改善，保护优质的水资源和良好的生态环境。南洋鸿基秉承"生态、科技、绿色、未来"的发展理念，以"土壤精准改良，作物营养健康"为方向，打造南洋鸿基高端生物肥料知名品牌，为作物提供全面均衡的营养，为土壤提供精准改良服务方案，解决客户的土壤生态、合理施肥、科学种植等问题，不断践行生态农业循环，绿色健康生活的企业使命，力争打造国内生物肥料行业的标杆企业。

3. 社会效益

南洋鸿基生物有限公司"粪污收储—统一运送—集中有机肥加工处理—资源化利用"治理模式推动畜禽粪污收集、存储、运输、处理和综合利用全产业链的形成，能有效解决中小养殖场、养殖户无力处理的问题，减少其投入，降低养殖成本，增加收入，同时产业链上各环节将提供大量工作岗位，可吸纳贫困户就业，成为畜牧业精准扶贫的新渠道。同时，有机肥替代化肥，带动高密市绿色、有机农产品等"三品一标"认证，推动农产品向优质、高端方向转型升级，实现提质增效。

（五）综合评价

以畜禽废弃物资源化利用及养殖环境改善为目的，南洋模式作为示范样板，集成畜禽养殖废弃物原位快速处理与资源化利用技术，建设规模化畜禽养殖废弃物资源化利用示范工程，包括畜禽粪便系列生态有机肥示范生产线。开展畜禽养殖废弃物资源化利用产业模式的经济性、适应性研究，形成可推广复制的生态循环产业模式。

第六章 作物施肥技术

第一节 冬小麦施肥技术

　　小麦是山东省主要粮食作物之一，一般每生产100 kg小麦籽粒，需要氮2.5～3.0 kg、磷1.0～1.5 kg、钾2.5～3.1 kg，需肥量随产量水平的提高而增加。

　　小麦不同生育期对氮、磷、钾养分的吸收率不同。氮的吸收有两个高峰，一个是从分蘖到越冬，这一时期的吸氮量占总吸收量的13.5%，是群体发展较快时期；另一个是从拔节到孕穗，这一时期吸氮量占总吸收量的37.3%，是吸氮量最多的时期。对磷、钾的吸收，一般随小麦生长的推移而逐渐增多，拔节后吸收率急剧增长，40%以上的磷、钾养分是在孕穗以后吸收的。在氮磷钾三要素中相对需氮钾较多，需磷较少。

　　一般小麦田全生育期需要施纯氮12～15 kg，磷（P_2O_5）6～8 kg，除山东西部中低产田地块外，一般还要配施钾肥（K_2O）5～6 kg。锌、硼、锰等元素根据土壤养分供应状况，因缺补缺，针对性使用。在分期使用上，按照小麦需肥返青前较少，起身到扬花期间最多，以后又逐步减少的规律，遵循"重施基肥，巧施追肥"的原则，合理调剂。

　　基肥：在整地前，一般亩施农家肥1～1.5 t，同时将30%～50%的氮肥，全部磷肥、50%～100%的钾肥基施。鲁西潮土区建议配施锌肥1 kg，鲁中和鲁东丘陵区建议配施锌肥1 kg，硼肥0.5 kg。施用时建议顺沟条施，及时深翻。此法不便时，也可在耕地前均匀撒于地表，及时耕翻入土。

　　对于土壤质地偏黏、保肥性能强又无灌水条件的小麦田，可将全部肥料一次施作基肥。具体方法是，把全量的有机肥，2/3氮、磷、钾化肥撒施地表后，立即深耕，耕后将余下的肥料撒到垡头上，再随即耙入土中。对于保肥性能差的沙土或水浇地，可采用重施基肥、巧施追肥分次施肥的方法。即把2/3的氮肥和全部的磷钾肥、有机肥作为基肥，其余氮肥作为追肥。施种肥是最经济有效的施肥方法。一般每亩施尿素2~3 kg，或过磷酸钙8~10 kg，也可用复合肥10 kg左右。

追肥：小麦一般可追施两次肥。第一次追肥的时间宜早，多在返青期追施，常有"年里不如年外"的说法。追施肥料大都习惯追施氮肥，但当基肥未施磷肥和钾肥，且土壤供应磷、钾又处于不足的状况时，应适当追施磷肥和钾肥。对于供钾不足的高产田，也可在冬前撒施150 kg左右的草木灰。对供肥充足的小麦田，切忌过量追施氮肥，且追肥时间不宜偏晚，否则，易引起贪青晚熟，导致减产。

第二次追肥一般在拔节期进行，以氮肥为主。氮肥追施量占总追肥量的50%~70%。小麦分蘖多，苗情好，长势旺盛，可适当晚施，并减少施用量。弱苗小麦田追肥要提前至返青至拔节期，最好在孕穗期再追肥1次。磷钾肥基施不足的，也要通过追肥补充，但追施磷钾肥应尽量提前到返青期，最好选用复合肥。追肥方法一般为用施肥耧隔行串施，深度7~10 cm。土壤水分不足时，追肥后要及时浇水，浇水量每亩40 m³左右，不要大水漫灌。

叶面喷肥也是追肥的一种形式，是补充小麦后期营养不足的一种有效施肥方法。在后期根系吸收能力差时，叶面追肥更直接有效，同时能有效防治干热风危害。叶面喷肥品种主要是尿素、磷酸二氢钾、微肥等，浓度在0.5%~2.0%。喷施一般在10时前、16时后或阴天进行，遇到喷后降雨要重喷。

配方肥：小麦基肥一般同时需要施用氮、磷、钾肥，有的还需要使用微肥。为使农民购肥和施用方便，国家通过测土配方施肥项目，将各种养分按需要量设计配方，组织企业生产小麦配方肥。配方肥在配方设计上既考虑了小麦的营养特点，又考虑了土壤的养分供应状况，配比合理，使用方便，每亩40~50 kg。小麦配方肥不适合作追肥。同时提醒种植户注意，配方肥使用有地域范围限制，购买时注意产品说明。

微肥：小麦虽然吸收锌、硼、锰、铜、钼等微量元素的绝对数量少，但对小麦的生长发育却起着十分重要的作用。在小麦苗期和籽粒成熟期，应增强锌素营养；锰对小麦的叶片、茎的生长影响较大；硼主要分布在叶片和茎顶端，缺硼的植株生育期推迟，雌雄蕊发育不良，不能正常授粉，最后枯萎不结实。

微肥可作基肥，也可拌种。作基肥时，由于用量少，很难撒施均匀，可将其与细土搅拌后撒施地表，随耕入土。用锌、锰肥拌种时，每千克种子用硫酸锌2～6 g、硫酸锰0.5～1.0 g，拌种后随即播种。

第二节　夏玉米施肥技术

夏玉米是禾本科作物，按其生育特性，可分为苗期、穗期和花粒期3个重要阶段。夏玉米在一生中吸收的氮最多，钾次之，磷最少。大致来说，每生产100 kg玉米籽粒，需要从土壤中吸收氮2.5～4.0 kg，磷1.1～1.4 kg，钾3.2～4.5 kg，其比例为1∶0.4∶1.3。

夏玉米不同的生育阶段对氮磷钾的吸收不同。研究表明，夏玉米苗期对氮的吸收量较少，只占总氮量的2.14%；拔节孕穗期吸收量最多，占总量的32.20%；抽穗开花期吸收量占总量的18.95%；籽粒形成阶段，吸收量占总量的46.7%。夏玉米对磷的吸收，苗期吸收量占总量的1.12%，拔节孕穗期吸收量占总量的45.04%，抽穗受精和籽粒形成阶段，吸收量占总量的53.84%。夏玉米对钾的吸收，在抽穗前有70%以上被吸收，抽穗受精时吸收30%。夏玉米干物质积累与营养水平密切相关，对氮磷钾三要素的吸收量都表现为苗期少，拔节期显著增加，孕穗到抽穗期达到最高峰的需肥特点。因此夏玉米施肥应根据这一特点，尽可能在需肥高峰期之前施肥。

夏玉米施肥原则：以基肥为主，追肥为辅；农家肥为主，化肥为辅；氮肥为主，磷肥为辅；穗肥为主，粒肥为辅。农家肥、全部磷钾肥和1/3氮肥作基肥施入。施用基肥时，应使其与土壤均匀混合，一般每亩可施农家肥2 500～4 000 kg。如果用氮肥作为基肥，每亩可施用硫酸铵13～18 kg或尿素6～8 kg。一定要深施，以防氮素挥发损失。在缺磷土壤中，每亩施过磷酸钙30～40 kg；在缺钾土壤中，每亩施氯化钾10 kg；在缺锌土壤中，每亩施七水硫酸锌1～2 kg。夏玉米追肥是高产栽培的一项重要措施，多采用前轻后重的施肥方式，即夏玉米在拔节前施入追肥的1/3，每亩施尿素5～10 kg，在大喇叭口期施入追肥的2/3，每亩追施尿素10～20 kg，比采用前重后轻施肥方法增产13.3%。

第三节　大豆施肥技术

大豆对土壤要求并不严格，适宜pH值为6.5～7.5，不耐盐碱，有机质含量高能促进大豆高产。大豆根是直根系，根上有根瘤菌与根进行"共生固氮"作用，是氮素营养的一个重要来源。

大豆需肥较多，每生产100 kg大豆需氮8.30 kg，磷1.64 kg，钾3.72 kg。大豆所需氮素很多，其一来自土壤和肥料中所含的氮素，其二来自根瘤菌的共生固氮，后者能满足高产大豆所需氮的1/2～2/3。施用化学氮过多时，根瘤数减少，固氮率降低，会增加大豆生产成本。一般认为，在特别缺氮的地方，早期施氮可促进幼苗迅速生长。大豆幼苗期是需氮关键时期。播种时施用少量的氮肥能促进幼苗的生长。

磷有促进根瘤发育的作用，能达到"以磷促氮"效果。磷在生育初期主要促进根系生长，在开花前磷促进茎叶分枝等营养体的生长。开花时磷充足供应，可缩短生殖器官的形成过程；磷不足，落花落荚显著增加。

钾能促进大豆幼苗生长，增加茎秆韧性不倒伏。

在酸性土壤上施用石灰，不仅供给大豆生长所必需的钙营养元素，而且可以校正土壤酸性。石灰对提高土壤pH值的作用，往往高于增加营养的作用，使土壤环境有利于根瘤菌的活动，并增加土壤中其他营养元素的有效性，如钼。另外，钙对大豆根瘤形成初期非常重要。土壤中钙增加，能使大豆根瘤数增多。但是施用石灰也不可过多，一般每亩不要超过30 kg。生产上施用过磷酸钙可以满足大豆对钙的需求。

大豆所需要的微量元素有铁、铜、锰、锌、硼和钼。在偏酸性的土壤上，除钼以外，这些元素都容易从土壤中吸收，不易缺乏。有时土壤缺乏钼时，会成为产量限制因素。但钼可在土壤中积累，当土壤中钼含量过多时，对大豆生长有毒害作用。

大豆缺氮先是真叶发黄，可从下向上黄化，在复叶上沿叶脉有平行的连续或不连续铁色斑块，褪绿从叶尖向基部扩展，以致全叶呈浅黄色，叶脉也失绿；叶小而薄，易脱落，茎细长。缺磷根瘤少，茎细长，植株下部叶色深绿，叶厚，凹凸不平，狭长；缺磷严重时，叶脉黄褐色，后全叶呈黄色。缺钾叶片黄化，症状从下位叶向上位叶发展；叶缘开始产生失绿斑点，扩大成块，斑块相连，向叶中心蔓延，最后仅叶脉周围呈绿色。黄化叶难以恢复，叶薄，易脱落。

缺钙叶黄化并有棕色小点，先从叶中部和叶尖开始，叶缘叶脉仍为绿色；叶缘下垂、扭曲，叶小、狭长，叶端呈尖钩状。缺钼上位叶色浅，主、支脉色更浅；支脉间出现连片的黄斑，叶尖易失绿，后黄斑颜色加深至浅棕色；有的叶片凹凸不平且扭曲，有的主叶脉中央出现白色线状。

大豆采用有机无机肥料配施技术，以磷、氮、钾、钙和钼营养元素为主，以基肥为基础，基肥中以有机肥为主，适当配施氮、磷、钾化肥。一般大豆施肥量为每亩氮 2～4 kg，磷（P_2O_5）6～8 kg，钾（K_2O）3～8 kg，包括有机肥和无机肥中纯有效养分含量之和。

第四节　茄子施肥技术

重施基肥，适时定植。茄子是喜肥耐肥作物，生长期较长，为获高产，必须施足基肥。用量占总施肥量的 1/3～1/2。高产田块每亩施优质腐熟有机肥（鸡粪、马粪、牛粪、猪粪等）5 000～8 000 kg，最好是 2/3 单施，1/3 配施适量磷钾复合肥 30 kg，集中施入定植沟或穴内。定植前 15 d，闭棚消毒。做成宽 50～70 cm 的高畦，铺地膜，在膜两侧按 30～40 cm 株距挖穴栽苗，2 行植株相互交错呈三角形定植，苗坨与垄面相平，栽培密度每亩 3 500～4 000 株。

巧施追肥，壮秧催果。定植后主要是调节温度、光照、整枝和肥水管理。定植后 10 d 不通风，保持室温 30℃左右，以促进缓苗。缓苗后适当降温，白天保持 25～30℃，夜间 15～17℃，久阴突晴，必须进行遮阴，避免温室内骤然升温而植株萎蔫。在阴雪寒冷天气也必须坚持揭苫见光和短时间少量通风。非智能温室在 11 月至翌年 4 月，内部光照强度很难满足茄子对光照的要求，所以要尽可能改善温室或大棚内的光环境。

茄果收获后，将门茄以下的老叶、病叶及其他无效分枝打掉，当四母斗茄坐果后，其上部留 2～3 片叶摘心，以改善通风透光条件，减少养分消耗。

为获茄果的高产优质，采用撒、埋、浇、喷等各种施肥技术。在培育壮苗、定植缓苗后，还须抓好水、肥、保 3 个环节的管理，使茄子整个生育期间及时满足水肥供应，促苗早发。菜农说得好："茄子大肚皮，肥料吃不饱，产量休想高"。追肥以腐熟的人粪尿、饼肥液为主，配施速效氮磷钾复合肥。

催果肥：定植缓苗后，花器官逐渐开放，当门茄达到"瞪眼期"（花受精后，子房膨大露出花萼时，称为"瞪眼期"），果实开始生长迅速，整株进入果实生长为主的时期。此期茎叶开始旺盛生长，需肥量剧增，也是施肥的关键时期，需要施用催果肥。施肥过早易引起茎叶徒长，果实僵化或脱落；施肥过晚，果实膨大受抑制，叶面积扩大也会受阻。催果肥用量，一般每亩追施腐熟人粪尿肥稀释液 1 000 kg 或沤制好的饼肥液（兑水 10 ~ 20 倍）300 ~ 500 kg，沟施或以水冲肥。

盛果肥：当对茄果实膨大，四母斗茄开始发育时，是茄子需肥的高峰期，应适时追肥，做到肥大水勤，促进果实肥大，保证后期不脱肥。第二次追肥，基本奠定了中后期产量的基础。此期为营养生长和生殖生长同步进行阶段，协调好秧果关系，延长结果期，是丰产的关键。此期既要防止茎叶疯长，又要避免果实发育而抑制营养生长。以速效性氮肥为主，配施磷钾肥，还要注意叶面追施钙、镁、硼、锌等肥料。因此，结合浇水，每亩追施腐熟的稀粪尿 1 000 ~ 1 200 kg，或沤制好的饼肥液，或沼气肥液 500 ~ 650 kg，也可以追施磷钾复合肥 20 ~ 30 kg。

满天星肥：第二次追肥至最后一次采收前 10 d，每一层果实开始膨大时，每隔 10 ~ 15 d 追 1 次肥，共追 5 ~ 8 次。以腐熟有机肥为主，交替配施少量无机有机蔬菜专用肥。结合浇水，以水助肥，可提高肥效。若有条件，可结合施用生物肥料，效果更好。

根外追肥：从盛果期开始，根据长势可施用二氧化碳气体肥。同时可适时适量喷施 0.2% ~ 0.3% 磷酸二氢钾、0.1% ~ 0.2% 硫酸镁等肥料。一般 7 ~ 10 d 1 次，连喷 2 ~ 3 次。

第五节　辣椒施肥技术

辣椒催芽播种后一般 5 ~ 8 d 出土，15 d 左右出现第一片真叶，到花蕾显露为幼苗期。第一花穗到门椒坐住为开花期。坐果后到拔秧为结果期。辣椒适宜的温度在 15 ~ 34℃。种子发芽适宜温度 25 ~ 30℃，发芽需要 5 ~ 7 d，低于 15℃ 或高于 35℃ 时种子不发芽。苗期要求温度较高，白天 25 ~ 30℃，夜晚

15～18℃，幼苗不耐低温，要注意防寒。辣椒如果在35℃时会造成落花落果。开花结果初期白天适温为20～25℃，夜间为15～20℃，结果期土温过高，尤其是强光直射地面，对根系生长不利，且易引起毒素病和日烧病。辣椒对水分条件要求严格，它既不耐旱也不耐涝，喜欢比较干爽的空气条件。

辣椒生产1 000 kg需氮5.5 kg、磷2.0 kg、钾6.5 kg。定植前亩施优质农家肥2 000 kg、过磷酸钙50 kg、硫酸钾30 kg。苗期每亩追施人粪尿100 kg。开花初期开始分期追肥，第一次追肥，每亩施尿素20 kg、过磷酸钙20 kg、硫酸钾15 kg。结第二、第三层果时，需肥量逐次增多，每次追肥时应适当增加追肥量，以满足结果时的营养供应。每次追肥应结合培土和浇水。

第六节　番茄施肥技术

番茄是喜温性蔬菜，在正常条件下，同化作用最适温度为20～25℃，根系生长最适土温为20～22℃。提高土温不仅能促进根系发育，同时土壤中硝态氮含量显著增加，生长发育加速，产量增高。番茄既需要较多的水分，但又不必经常大量的灌溉，一般以土壤田间持水量60%～80%、空气相对湿度45%～50%为宜。空气湿度大，不仅阻碍正常授粉，而且在高温高湿条件下病害严重。番茄对土壤条件要求不太严格，但为获得丰产，促进根系良好发育，应选用土层深厚、排水良好、富含有机质的肥沃壤土。土壤酸碱度以pH值为6～7为宜，过酸或过碱的土壤应进行改良。

生产1 000 kg番茄需氮4.0 kg、磷4.5 kg、钾4.4 kg。按亩产5 000 kg计算，定植前亩施优质有机肥2 000 kg、硫酸铵15 kg、过磷酸钙50 kg、硫酸钾15 kg。第一穗果膨大到鸡蛋大小时应进行第一次追肥，亩施硫酸铵18 kg、过磷酸钙15 kg、硫酸钾16 kg。第三、第四穗膨大到鸡蛋大小时，应分期及时追施"盛果肥"，这时需肥量大，施肥量应适当增加，每次每亩追施硫酸铵20 kg、过磷酸钙18 kg、硫酸钾20 kg。每次追肥应结合浇水。在开花结果期，用0.1%～0.2%磷酸二氢钾加坐果灵进行叶面喷施。

设施栽培的番茄，比露地要多施有机肥，少施化肥，并结合灌水分次施用，以防止产生盐分障碍。

第七节　大白菜施肥技术

大白菜是重要的叶菜类蔬菜。大白菜单产很高，可达每亩5 000 kg以上，因而对肥料的要求比较多。氮磷钾比例为1∶0.4∶1.1。因此，大白菜与其他叶菜类蔬菜一样，在营养生长期内，充足的氮素营养对促进形成肥大的绿叶和提高光合率具有特别重要的意义。由于大白菜不同生长时期的生长量和生长速度不同，因此对营养条件的要求也不相同。总的吸肥规律是：苗期吸收养分较少，氮、磷、钾的吸收量不足，约占总吸收量的1%；莲座期明显增多，其吸收量占30%左右；包心期吸收最多，约占总量的70%。

大白菜施肥应施足有机肥。施足基肥是获得大白菜丰收的基础。一般老菜地土壤肥力较高，施用有机肥料应适量；而新菜地土壤肥力不高，重施有机肥与磷肥混合作基肥就显得特别重要。巧施提苗肥。大白菜子叶长出后，主根已达10 cm左右，并发生一级侧根，已具有吸水吸肥的能力，在基肥不足或未施种肥的情况下，要施少量的提苗肥，每亩5～7 kg尿素，促其生长。施肥时应重点偏施小苗、弱苗，促其形成壮苗。合理追肥。一般应抓住秧苗团棵开始进入莲座期和开始包心前两次追肥，是保证大白菜丰产的关键。此时大白菜处于快速生长期，应增加追肥量，以氮肥为主，氮肥与磷钾肥配施，或定期施以水粪。生育期间叶面喷施稀释1 000倍的植物促长素（柠檬酸钛水剂）或0.5%～1%尿素和磷酸二氢钾混合液，均可提高大白菜的净菜率，提高商品价值。重视施用钾肥。增施钾肥能增强大白菜的抗病力和耐贮藏性，但生产中往往忽视钾肥的施用。一般每亩施钾量为硫酸钾20 kg或氯化钾15 kg。

如果生长期氮素供应不足，大白菜植株矮小，组织粗硬，严重减产；大白菜氮肥施用过多，不耐贮藏。如果后期磷钾供应不足，往往不易结球。大白菜是喜钙作物，当不良的环境条件发生生理缺钙时，往往出现干烧心病，严重影响产品质量。

第八节　萝卜施肥技术

萝卜、胡萝卜均是根菜类蔬菜。它们是以肥大的肉质根供人们食用的。每生产1 000 kg萝卜，需从土壤中吸收氮2.1～3.1 kg，磷1.2～1.5 kg、钾3.8～5.6 kg。三者比例为1∶0.6∶1.8，可见，萝卜是喜钾作物。

萝卜在不同生育期中对氮、磷、钾吸收量的差别很大，一般幼苗期吸氮量较多，磷、钾的吸收量较少；进入肉质根膨大前期，植株对钾的吸收量显著增加，其次为氮和磷，到了肉质根膨大盛期是养分吸收高峰期，此期吸收的氮占全生育期吸氮总量的77.3%，吸磷量占总吸磷量的82.9%，吸钾量占总吸钾量的76.6%。因此，保证这一时期的营养充足是萝卜丰产的关键。

萝卜施肥技术要点：基肥一般每亩施腐熟有机肥2 000 kg以上，并结合施用磷、钾化肥。追肥在前期适当追肥的基础上，当萝卜破肚时，结合灌溉每亩施尿素8～10 kg。氮肥施用不宜过多、过晚，应尽量在萝卜膨大盛期前施用，如果施用过多或过晚，易使肉质根破裂或产生苦味，影响萝卜的品质。在萝卜膨大盛期还需要增施钾肥。

此外还应注意养分平衡。据报道，施用三元复混肥比单施尿素可使萝卜增产，并能改善其品质。

第九节　果树施肥技术

一、果树营养特点

（一）多年生长，各时期对养分的要求不同

果树生长期大致可以分为：幼龄期、初果期、盛果期、更新期和衰老期。

1.幼龄期（开花结果之前）

该期需肥量较少，但对肥料非常敏感。要多施有机肥；化肥要施足磷肥；适当配施钾肥；控制施用氮肥。

2.初果期（开花结果至形成经济产量之前）

该期是营养生长到生殖生长转化的时期。若营养生长长势较强，以磷肥为主，配施钾肥，少施氮肥；若营养生长较弱，以磷肥为主，适当增加氮肥的施用，配施钾肥。

3. 盛果期（大量结果时期）

施肥目的是促进优质丰产，维持健壮长势，根据产量和树势适当调节氮、磷、钾比例，同时要注意微量元素肥料的施用，种植果树多年且pH值低（<5.5）的土壤要注意钙肥和镁肥以及中量元素肥料的施用。

4. 更新期和衰老期

该期应偏施氮肥，以延长盛果期。

（二）贮藏营养对果树生长有重要影响

果树贮藏营养的特性使施肥对果树的直接效果降低，但通过施肥增加果树贮藏营养水平对果树丰产稳产有重要作用。在整个生长季节，应重视平衡施肥和根外追肥，同时注意疏花疏果、控制新梢过旺生长，以减少养分的无效消耗。果实收获后到落叶前早施基肥是提高贮藏营养的关键措施。

（三）营养生长与生殖生长对养分的吸收竞争

在生命周期中，幼树良好的营养生长是开花结果的基础。在有机肥施用充足的果园可以少施氮肥，多施磷肥，但在贫瘠土壤上要重视施用氮肥；同时要加强根外追肥。当营养生长进行到一定阶段（苹果和梨的标志是树干周长在20 cm以上），要及时促进营养生长向生殖生长的转化，土壤施肥以磷、钾为主，少施或不施氮肥；叶面施肥早期以氮为主，中后期以磷、钾为主。盛果期果树要氮、磷、钾配合，增加氮、钾用量，满足果实的生长和维持健壮树势的需要。

果树年周期营养可以分为4个时期：利用贮藏养分期（早春），提高地温，促进根系活动。贮藏养分与当年养分交替利用期（早春至开花坐果），疏花疏果减少养分无效消耗，适当早施肥，提早当年养分供应期。利用当年生营养期（开花坐果至采收），调节枝条类别组成，注意根据树势调整氮、磷、钾肥施用比例。养分积累贮藏期（果实收获后至落叶前），该期叶片中养分回流到枝干和根中，要防止秋梢旺长，适时采收果实，保护秋叶，早施基肥。

此外，砧穗二项构成影响果树营养，筛选高产优质的砧穗组合，减轻或克服营养失调，提高养分利用率。果园土壤立地条件与果树营养关系密切，要通过提高土壤的养分含量，改善养分的比例，还要调节土壤的通气性、pH值，同时要注意改善果树摄取阳光和空气流通等环境条件。

二、果树施肥技术

（一）果树施肥原则

一是用地与养地相结合，有机肥与无机肥相结合；二是改土养根与施肥相结合；三是平衡施肥；四是合理施用中微量元素肥料。

（二）果树营养诊断方法

果树营养诊断包括树相诊断、植物组织分析诊断和土壤诊断3个方法。山东省果园土壤有机质和养分含量分级指标见表6-1。

表6-1　山东省果园土壤有机质和养分含量分级指标

养分种类	极低	低	中等	适宜	较高
有机质（%）	<0.6	0.6 ~ 1.0	1.0 ~ 1.5	1.5 ~ 2.0	>2.0
全氮（%）	<0.04	0.04 ~ 0.06	0.06 ~ 0.08	0.08 ~ 0.10	>0.1
速效氮（mg/kg）	<50	50 ~ 75	75 ~ 95	95 ~ 110	>110
有效磷（mg/kg）	<10	10 ~ 20	20 ~ 40	40 ~ 50	>50
速效钾（mg/kg）	<50	50 ~ 80	80 ~ 100	100 ~ 150	>150
有效锌（mg/kg）	<0.3	0.3 ~ 0.5	0.5 ~ 1.0	1.0 ~ 3.0	>3.0
有效硼（mg/kg）	<0.2	0.2 ~ 0.5	0.5 ~ 1.0	1.0 ~ 1.5	>1.5
有效铁（mg/kg）	<2	2 ~ 5	5 ~ 10	10 ~ 20	>20

（三）果树年周期营养的施肥时期

以盛果期果树为例，基肥施用最佳时期在秋季果实收获后立即施用基肥，以有机肥为主，配合施用氮、磷、钾化肥，根据长势调节氮、磷、钾的施用比例，注意施用中微量元素肥料。

早春萌芽前后追施氮肥；若上年秋季没有施用基肥，可在早春补施。

花芽分化前追肥对提高产量的效果最明显，山东苹果花芽分化一般在6月中旬，施肥应在5月底或6月初，以氮、磷为主，配施钾肥。

果实膨大期施肥以磷、钾为主，一般不再施用氮肥。

（四）果树施肥方法

1. 土壤施肥方法

环沟状施肥，适合幼树施用基肥；辐射沟状施肥，适合盛果期果园施用基肥；条沟状施肥，适合密植果园施用基肥；穴状施肥，适合果园施用追肥，不同施肥方法示意图和机械化作业实例见图6-1。盛果期果园以上几种施肥方法应逐年轮流使用。地膜覆盖穴贮肥水，适于各种果园，节水节肥效果明显。全园施肥，适于根系密布的成龄密植果园。

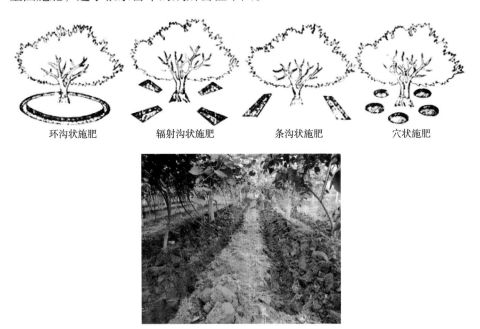

| 环沟状施肥 | 辐射沟状施肥 | 条沟状施肥 | 穴状施肥 |

图6-1　不同施肥方法示意图（上）和机械化作业实例（下）

2. 根外追肥

通过肥料溶液喷洒于果树叶片和枝干（图6-2左），或者树干注射供给养分（图6-2右）。

图6-2　根外追施叶面肥（左）和树干注射（右）

3. 灌溉施肥

将肥料溶解于灌溉水中，借助微灌系统施肥（图6-3）。

图6-3　灌溉施肥实例

（五）苹果树施肥

1. 苹果对矿质营养的需求

苹果对矿质营养元素吸收量的顺序为：钙>钾>氮>镁>磷。氮、磷、钾是构成果实的主要矿质营养，消耗量大，土壤供给不足，需要持续周期性补充。钙和镁主要存在于根茎叶中，果实中含量很少，在土壤中，一般情况下钙和镁的含量较丰富，不需要每年施用钙镁肥料。微量元素养分硼、锌、铁、锰、铜、钼也是苹果生长必需的营养元素，就山东土壤条件来说，锌和硼是最需及时补充的养分。

苹果对氮的需求分为3个时期，第一时期：从萌芽到新梢加速生长为大量需氮期；第二时期：新梢旺长后期到采收前为稳定需氮期；第三时期：果实采收后到落叶为氮素贮备期。

苹果树周年的营养对磷需求平稳，基本无高峰和低谷；对钾的需求量以果实膨大期最大。

2. 幼年期苹果树施肥

新果园幼年期苹果树每亩每年施用有机肥3 000～4 000 kg。如果土壤养分含量水平在中等范围内，每株年施用氮0.2～0.3 kg，氮磷钾比例为1.0：1.2：1.0，化肥用量应随树龄逐年增加。如果在老果园土壤上更新果园，应根据土壤肥力高低调节氮磷钾的施用量及其比例（氮磷钾比例一般掌握在1.0：1.0：0.8）。有机肥和化肥可以在秋季一次施入。

3. 初果期苹果树施肥

保持有机肥施用充足，每亩每年施用氮15 ~ 22 kg，施肥量随树龄逐年增加，氮磷钾比例为1.0∶0.8∶1.0。

施肥时期分为3次，第一次施肥：秋季基肥。将全部有机肥，全年氮、磷、钾的30%，微肥数量每株施用硼砂50 g和硫酸锌100 g，与有机肥同时施入。在基肥没有施用微量元素肥料时，根据需要进行根外追肥。第二次施肥（翌年春季萌芽前）：施入全年氮的40%、磷的30%、钾的20%。第三次施肥（花芽分化前）：5月底，施入全年氮的30%、磷的40%、钾的50%。

4. 盛果期苹果树施肥

山东省苹果主产区在东部，主要土壤类型是棕壤，平均每亩产量可达3 000 kg。根据苹果养分理论吸收量（每1 000 kg苹果吸收氮磷钾分别为3.0 kg、0.8 kg、3.2 kg）和当前园艺技术，在中等肥力土壤上，每1 000 kg苹果产量推荐施用氮7 ~ 9 kg，氮磷钾施用比例为1.0∶0.5∶1.1。在土壤某一养分含量过高或者过低（根据已有的数据与上述表中养分分级指标比较）的情况下，可以适当调节氮、磷、钾三者的施用比例。

施肥时期分为4次。第一次施肥（秋季基肥）：全部有机肥，全年氮的20%，磷的20%，钾的20%，微肥可以与基肥一起施入（微肥一次施用可以持续2 ~ 3年有效）。第二次施肥（翌年春季萌芽前）：施入全年氮的50%、磷的30%。第三次施肥（花芽分化前）：5月底，施入全年氮的30%、磷的30%、钾的40%。第四次施肥（果实膨大期）：7月初，施入全年磷的20%、钾的40%。

在需要施用钙肥的情况下，可以在果实膨大期喷洒硝酸钙，一般喷3 ~ 4次，浓度为0.3%。需要施用镁肥时，硫酸镁的喷洒浓度为0.08% ~ 0.15%。硝酸钙和硫酸镁也可以作基肥施用。在基肥没有施用微肥时，初花期和盛花期喷洒0.3%硼砂溶液（可加1%的糖或者少量蜂蜜）2 ~ 3次；在盛花期后2 ~ 3周，每隔7 ~ 10 d喷洒0.2% ~ 0.3%硫酸锌溶液1次，共喷洒3次。

第十节　无公害蔬菜施肥技术

无公害蔬菜，是指蔬菜中的农药残留，重金属、硝酸盐等各种污染有害物质的含量，控制在国家规定的范围内，人们食用后不足以对人体健康造成危害的蔬菜。

一、生产无公害蔬菜的技术措施

（一）综合防治措施

1.选用抗病品种

选择适合当地生产的高产、抗病虫害、抗逆性强的优良品种，少施药或不施药，是防病增产、提高经济效益的有效方法。

2.栽培管理措施

一是保护地蔬菜实行轮作倒茬，如瓜类的轮作不仅可明显减轻病虫害而且有明显的增产效果；棚室蔬菜种植两年后，在夏季种一季大葱也有很好的防治效果。二是清洁田园，彻底消除病株残体、病果和杂草，集中销毁深埋，切断传播途径。三是采取地膜覆盖，膜下灌水，降低大棚湿度。四是实行配方施肥，增施腐熟好的有机肥，配合施用磷肥，控制氮肥的施用量，生长后期可使用硝态氮抑制双氰胺，防止蔬菜中硝酸盐的积累和污染。五是在棚室通风口设置细纱网，防止白粉虱、蚜虫等害虫的入侵。六是用深耕改土、垄土法等改善栽培条件。七是推广无土栽培和净沙栽培。

3.生态防治措施

主要通过防止棚内温湿度异常、改善光照条件、调节空气等生态措施，促进蔬菜健康生长，抑制病虫害的发生。一是"五改一增加"，改有滴膜为无滴膜；改棚内露地为地膜全覆盖种植；改平畦栽培为高垄栽培；改明水灌溉为膜下暗灌；改大棚中部通风为棚脊高处通风；增加棚前沿防水沟，集棚膜水于沟内排出渗入地下，减少棚内水分蒸发。二是在冬季大棚的灌水上，掌握"三不浇三浇三控"技术，即阴天不浇晴天浇；下午不浇上午浇；明水不浇暗水浇；苗期控制浇水；连续阴天控制浇水；低湿控制浇水。三是在防治病害上，能用烟雾剂和粉尘剂防治的不用喷雾防治，减少棚内湿度。四是常擦拭棚膜，保持棚膜的良好透光，增加光照，提高温度，降低相对湿度。五是在防冻害上，通过加厚墙体，双膜覆盖，采用压膜线压膜减少洞孔，加大棚体，挖防寒沟等措施，提高棚室的保温效果。

（二）物理防治措施

1. 晒种

温汤浸种播种或浸种催芽前，将种子晒2～3 d，可利用阳光杀灭附在种子上的病菌；茄、瓜、果类的种子用55℃温水浸种10～15 min；芸豆、豆角种子用10%的盐水浸种10 min，漂出和杀灭菌核病残体。

2. 诱杀

利用白粉虱、蚜虫的趋黄性，在棚内设置黄油板、黄水盆等诱杀害虫。

3. 喷洒无毒保护剂和保健剂

蔬菜叶面喷洒巴母兰400～500倍液，可使叶面形成高分子无毒脂膜，起到预防污染的作用。叶面喷施植物健生素，可增强植株抗病虫害的能力，且无腐蚀、无污染，安全方便。

（三）科学合理施用农药

1. 严禁在蔬菜上使用高毒、高残留农药

如克百威、3911、1605、甲基1605、1059、久效磷、磷胺、甲胺磷、氧化乐果、磷化锌、磷化铝、杀虫肤、有机汞制剂等都禁止在蔬菜上使用。

2. 选用高效低毒低残留农药

如敌百虫、辛硫磷、马拉硫磷、多菌磷、硫菌灵等。严格执行农药的安全使用标准，控制用药次数，用药浓度和注意用药安全间隔期。特别注意在蔬菜安全采收时期禁止使用农药。

二、无公害蔬菜的施肥技术

1. 黄瓜

生产1 000 kg黄瓜需纯氮2.6 kg、磷（P_2O_5）1.5 kg、钾（K_2O）3.5 kg。黄瓜定植前，每亩施用优质有机肥5 000～7 500 kg、磷（P_2O_5）25～30 kg作基肥。黄瓜进入结瓜初期进行第一次追肥，每亩追施氮10～15 kg、磷（P_2O_5）5～10 kg、钾（K_2O）10～12 kg，以后每隔7～10 d追肥1次，并结合浇水。整个黄瓜生育期追肥8～10次。结合叶面施肥，叶面肥按0.3%化肥浓度配合农药、喷施宝、增瓜灵、丰果等生长激素混合喷施。

2. 番茄

生产1 000 kg番茄需纯氮3.8 kg、磷（P_2O_5）1.2 kg、钾（K_2O）4.4 kg，按亩产5 000 kg计算，定植前每亩施用优质农家肥5 000 kg、磷（P_2O_5）50 kg。第一穗果膨大到鸡蛋黄大小时应进行第1次追肥，每亩追施纯氮18～20 kg、磷（P_2O_5）15～16 kg、钾（K_2O）16～17 kg，第二、第三、第四穗果膨大到鸡蛋黄大小时，应分期及时追肥，这时需肥量较大，追肥量应适当增加，每次追肥应结合浇水。结合叶面施肥，叶面肥可用0.35%浓度的化肥配合农药、坐果灵、丰果等混合喷施。

3. 辣椒

生产1 000 kg需纯氮5.2 kg、磷（P_2O_5）1.2 kg、钾（K_2O）6.5 kg。定植前，每亩施用优质农家肥5 000 kg，磷（P_2O_5）50 kg作基肥。辣椒膨大初期开始第一次追肥，以促进果实膨大。每亩追施纯氮15～18 kg，磷（P_2O_5）18～20 kg，钾（K_2O）15～17 kg。第2层果、第3层果、第4层果、满天星需肥量逐次增多，每次应适当增加追肥量，以满足结果旺盛期所需养分，每次追肥应结合培土和浇水。结合叶面施肥，叶面肥可用0.3%浓度的化肥配合丰果、辣椒灵等进行喷施。

4. 芹菜

生产1 000 kg芹菜需纯氮2 kg、磷（P_2O_5）1 kg、钾（K_2O）4 kg。定植前每亩施用优质农家肥5 000 kg、磷（P_2O_5）40 kg。高度为10 cm时开始第一次追肥，每亩追施氮7～10 kg、钾（K_2O）10～15 kg。芹菜进入旺盛生长期，每亩追施氮15～20 kg、磷（P_2O_5）10～20 kg、钾（K_2O）20～25 kg，每隔7～10 d追肥1次，共3～4次，每次追肥都应结合浇水。可结合防病用0.3%浓度的喷施宝进行叶面喷施。

5. 菠菜

生产1 000 kg菠菜需纯氮1.6 kg、磷（P_2O_5）0.8 kg、钾（K_2O）1.8 kg。播种前，每亩施用优质有机肥5 000 kg、磷（P_2O_5）40 kg。基肥充足，幼苗生长健壮，是蔬菜安全越冬的关键，越冬前，菠菜幼苗高10 cm左右，需根据生长情况，追施越冬肥1次，施氮10～15 kg、磷（P_2O_5）10～15 kg。越冬前一定要浇1次封冻水，以防冬季死苗。翌年春天，应及时追肥，每亩应施氮20～25 kg、磷（P_2O_5）5～8 kg、钾（K_2O）10～15 kg，隔10～15 d追第三次肥。菠菜追肥切忌把化肥撒在心叶里，以免造成烧苗，每次追肥应结合浇水。可结合0.3%的叶面肥进行叶面喷施。春菠菜和秋菠菜的施肥技术基本和冬菠菜相同。

第十一节 设施主要蔬菜施肥技术

一、蔬菜需肥的共同特点

（一）养分需要量大

蔬菜的生物学产量高，所以需肥量要比粮食作物多，如蔬菜平均吸氮量比小麦高4.4倍，吸磷量高0.2倍，吸钾量高1.9倍，吸钙量高4.3倍，吸镁量高0.5倍。

（二）带走的养分多

蔬菜茎叶中的氮、磷、钾含量分别是小麦的6.52倍、7.08倍、2.32倍；籽实或可食器官的氮、磷、钾含量分别是小麦的2.04倍、1.49倍和6.91倍。所以蔬菜收获从土壤中带走的养分多。

（三）对某些养分有特殊需求

（1）蔬菜喜硝态氮。
（2）蔬菜对钾、钙需求量大。
（3）蔬菜对硼和钼比较敏感。

二、不同蔬菜氮磷钾需要数量及比例（表6-2）

表6-2 不同蔬菜氮磷钾需要数量及比例

蔬菜类型	包括品种	养分需要量（kg/1 000 kg产品）			氮磷钾比例 N：P_2O_5：K_2O
		N	P_2O_5	K_2O	
瓜类	黄瓜、西葫芦、南瓜、丝瓜等	4.10	2.30	5.50	1：0.6：1.3
茄果类	番茄、茄子、甜椒等	3.18	0.74	4.38	1：0.2：1.5
白菜类	结球白菜、小白菜、油菜等	0.8～2.6	0.8～1.2	3.2～3.7	1：0.5：1.7

（续表）

蔬菜类型	包括品种	养分需要量（kg/1 000 kg产品）			氮磷钾比例 N：P₂O₅：K₂O
		N	P₂O₅	K₂O	
绿叶菜	菠菜、莴苣、芹菜等	2.55	1.36	3.67	1：0.5：1.4
豆类	芸豆、豆角、毛豆等	9.00	2.25	6.83	1：0.3：0.8

三、设施菜地土壤特征

（一）土壤养分状况

调查结果表明，与棚外相比，棚内土壤各养分都有较大幅度提高，其顺序是磷>氮>钾>有机质。由于种植年限和施肥水平不同以及偏施肥料现象，土壤肥力状况差异很大，各养分之间不平衡，有待通过平衡施肥加以解决。

（二）土壤盐分及酸度积累状况

据调查，棚内0~20 cm土层盐分超过0.3%的样品占26.1%，是棚外的3.78倍，最大值1.2%，平均值0.27%，已有明显的盐渍化现象。各盐分离子中，与棚外相比，棚内土壤积累最多的是NO_3^-和K^+离子。Ca^{2+}、Mg^{2+}、Cl^-、SO_4^{2-}棚内土壤中也有一定的积累。大棚土壤盐分积累较重，与施肥不合理直接相关。土壤酸度测试结果表明，0~20 cm土层pH值比棚外土壤降低0.46，有明显的酸化现象。

四、设施主要蔬菜平衡施肥方案

设施菜地土壤肥力状况差异很大，各地的施肥习惯和施肥水平千差万别，在指导农民施肥时，各地应根据土壤养分测试结果、种植作物种类、种植年限、产量水平、施肥习惯等制定科学的施肥方案。现仅就设施主要蔬菜栽培的一般情况，提出参考性意见。

（一）黄瓜

1. 新棚

（1）目标产量。每亩7 000~8 000 kg。

（2）有机肥（腐熟鸡粪或优质农家肥）施用。每亩4 000～6 000 kg，全部作基肥施用。

（3）化肥施用。每亩施用纯氮45～55 kg，磷（P_2O_5）40～45 kg，钾（K_2O）55～65 kg，多元微肥0.2～0.3 kg。

（4）施用方法。

基施：20%的氮、30%的磷、30%的钾作基肥，剩余的作追肥。

追施：结瓜前期和后期每隔一次水追一次肥，结瓜盛期每浇一次水追一次肥。每亩每次追肥为纯氮2.6～3.1 kg，磷（P_2O_5）2.0～2.3 kg，钾（K_2O）2.8～3.3 kg。分别在初花期和盛果期叶面喷施多元螯合微肥，喷施浓度为0.1%。

2. 3年以上的棚

（1）目标产量。每亩10 000～12 000 kg。

（2）有机肥（腐熟鸡粪或优质农家肥）施用。每亩4 000～5 000 kg，全部作基肥施用。

（3）化肥施用。每亩施用纯氮55～65 kg，磷（P_2O_5）30 kg，钾（K_2O）45～55 kg。

（4）施用方法。

基施：20%的氮、20%的磷、30%的钾作基肥，剩余的作追肥。

追施：结瓜前期和后期每隔一次水追一次肥，结瓜盛期每浇一次水追一次肥。每亩每次追肥为纯氮3.1～3.7 kg，磷（P_2O_5）1.7 kg，钾（K_2O）2.3～2.8 kg。

（二）番茄

1. 新棚

（1）目标产量。每亩4 000～6 000 kg。

（2）有机肥（腐熟鸡粪或优质农家肥）施用。每亩5 000～6 000 kg，全部作基肥施用。

（3）化肥施用。每亩施用纯氮40 kg，磷（P_2O_5）30 kg，钾（K_2O）50 kg，锌肥1～2 kg，硼肥0.5 kg。

（4）施用方法。

基肥：总氮的30%，总磷的50%～60%，总钾的60%，硫酸锌1～2 kg，硼酸或硼砂0.5 kg作基肥。

追肥：苗期每亩追氮4 kg，开花坐果后追氮7 kg。以后每采一次果追一次肥。每亩每次追氮2.8 kg，磷（P_2O_5）2.0～2.5 kg，钾（K_2O）3.3 kg。期间，有条件的适当追施腐熟好的有机肥料。连续喷施2～3次钙肥，一般喷硝酸钙或螯合钙肥，喷施浓度为0.1%。

在盛果后期还可进行叶面喷肥，采用0.3%～0.5%尿素、0.5%～1%磷酸二氢钾混合喷洒。

2. 3年以上的棚

（1）目标产量。每亩6 000～8 000 kg。

（2）有机肥（腐熟鸡粪或优质农家肥）施用。每亩4 000～5 000 kg，全部作基肥施用。

（3）化肥施用。每亩施用纯氮35～45 kg，磷（P_2O_5）22～28 kg，钾（K_2O）35～45 kg。

（4）施用方法。30%的氮、30%的磷、20%的钾作基肥。剩余的肥料追施，每亩每次追施纯氮4.1～5.3 kg，磷（P_2O_5）2.6～3.3 kg，钾（K_2O）4.7～6.0 kg。

（三）甜椒

1. 新棚

（1）目标产量。每亩3 500～4 500 kg。

（2）有机肥（腐熟鸡粪或优质农家肥）施用。每亩4 000～5 000 kg，全部作基肥施用。

（3）化肥施用。每亩施用纯氮40～45 kg，磷（P_2O_5）30～35 kg，钾（K_2O）40～45 kg。

（4）施用方法。30%的氮、40%的磷、40%的钾作基肥。剩余的作追肥，结果期每浇一次水追一次肥，每亩每次追施纯氮3.5～3.9 kg，磷（P_2O_5）2.3～2.6 kg，钾（K_2O）3.0～3.4 kg。

2. 3年以上的棚

（1）目标产量。每亩4 000～5 000 kg。

（2）有机肥（腐熟鸡粪或优质农家肥）施用。每亩4 000～5 000 kg，全部作基肥施用。

（3）化肥施用。每亩施用纯氮45～55 kg，磷（P_2O_5）25 kg，钾（K_2O）40～45 kg。

（4）施用方法。30%的氮、30%的磷、20%的钾作基肥。剩余的肥料每浇一次水追施一次，每亩每次追施纯氮3.9～4.8 kg，磷（P_2O_5）2.2 kg，钾（K_2O）4.0～4.5 kg。

参考文献

黄凌云，黄锦法，2014.测土配方施肥实用技术[M].北京：中国农业出版社.

黄云，2014.植物营养学[M].北京：中国农业出版社.

李云平，2015.测土配方施肥[M].北京：中国农业大学出版社.

梁飞，2017.水肥一体化实用问答及技术模式、案例分析[M].北京：中国农业出版社.

陆欣，谢英荷，2011.土壤肥料学 [M].2版.北京：中国农业大学出版社.

谭金芳，韩燕来，2021.作物施肥原理与技术 [M].3版.北京：中国农业大学出版社.

徐坚，高春娟，2014.水肥一体化实用技术[M].北京：中国农业出版社.

徐建明，2009.土壤学（第四版）[M].北京：中国农业出版社.

张福锁，张朝春，2017.高产高效养分管理技术创新与应用（上、下册）[M].北京：中国农业大学出版社.

张福锁，2006.测土配方施肥技术要览[M].北京：中国农业大学出版社.

M. R. 卡特，E. G. 格雷戈里奇，2022.土壤采样与分析方法（上、下册）[M].李保国，李永涛，任图生，等译.北京：电子工业出版社.

ICS 65.080

CCS B 13

NY

中 华 人 民 共 和 国 农 业 行 业 标 准

NY/T　525—2021
代替 NY 525—2012

有机肥料

Organic fertilizer

2021-05-07发布 　　　　　　　　　　　　　 2021-06-01实施

中华人民共和国农业农村部 　发布

前　言

本文件按照GB/T 1.1—2020《标准化工作导则　第1部分：标准化文件的结构和起草规则》的规定起草。

本文件代替NY 525—2012《有机肥料》，与NY 525—2012相比，除结构调整和编辑性改动外，主要技术变化如下：

a）取消了强制性条款的规定；

b）修改了标准的适用范围（见第1章）；

c）增加了"腐熟度"种子发芽指数"的术语和定义（见3.3、3.4）；

d）增加了有机肥料生产原料适用类目录及评估类原料安全性评价要求（见附录A和附录B）；

e）删除了对产品颜色的要求（见4.2）；

f）修改了有机质的质量分数及其计算方法（见表1、附录C）；

g）修改了总养分的质量分数及其测定方法（见表1、附录D）；

h）增加了种子发芽指数的限定及其测定方法（见表1、附录F）；

i）增加了机械杂质的质量分数的限定及其测定方法（见表1、附录G）；

j）修改了检验规则（见第5章）；

k）修改了包装标识要求，增加了对主要原料名称、氯离子的质量分数等的标识要求（见6.2、6.3、6.4）；

l）增加了杂草种子活性的测定方法（见附录H）。

本文件由农业农村部种植业管理司提出并归口。

本文件起草单位：全国农业技术推广服务中心、中国农业大学，南京农业大学、农业农村部规划设计研究院、北京市土肥工作站、上海市农业技术推广服务中心、北京市农林科学院、中国农业科学院农业资源与农业区划研究所、农业农村部肥料质量监督检验测试中心（郑州）。

本文件主要起草人：田有国、李季、沈其荣、赵英杰、沈玉君、贾小红、朱恩、袁军、李吉进、李亮君、王小琳、王博、张城、孟远夺、高祥照。

本文件及其所代替文件的历次版本发布情况为：

——NY 525—2002、NY 525—2011、NY 525—2012。

有机肥料

1 范围

本文件规定了有机肥料的范围、术语和定义、要求、检验规则、包装、标识、运输和储存。

本文件适用于以畜禽粪便、秸秆等有机废弃物为原料，经发酵腐熟后制成的商品化有机肥料。

本文件不适用于绿肥、农家肥和其他自积自造自用的有机肥。

2 规范性引用文件

下列文件中的内容通过文中的规范性引用而构成本文件必不可少的条款。其中，注日期的引用文件，仅该日期对应的版本适用于本文件；不注日期的引用文件，其最新版本（包括所有的修改单）适用于本文件。

GB/T 6682 分析实验室用水规格和试验方法

GB/T 8170—2008 数值修约规则与极限数值的表示和判定

GB/T 8576 复混肥料中游离水含量的测定 真空烘箱法

GB/T 15063—2020 复合肥料

GB 18382 肥料标识 内容和要求

GB/T 19524.1 肥料中粪大肠菌群的测定

GB/T 19524.2 肥料中蛔虫卵死亡率的测定

HG/T 2843 化肥产品化学分析常用标准滴定溶液、标准溶液、试剂溶液和指示剂溶液

NY/T 1978 肥料汞、砷、镉、铅、铬含量的测定

NY/T 2540—2014 肥料 钾含量的测定

NY/T 2541—2014 肥料 磷含量的测定

NY/T 3442—2019 畜禽粪便堆肥技术规范

3 术语和定义

下列术语和定义适用于本文件。

3.1 有机肥料 organic fertilizer

主要来源于植物和/或动物，经过发酵腐熟的含碳有机物料，其功能是改善土壤肥力、提供植物营养、提高作物品质。

3.2 鲜样 fresh sample

现场采集的有机肥料样品。

3.3 腐熟度 maturity

腐熟度即腐熟的程度，指堆肥中有机物经过矿化、腐殖化过程后达到稳定的程度。

3.4 种子发芽指数 germination index

以黄瓜或萝卜（未包衣）种子为试验材料，在有机肥料浸提液中培养，其种子发芽率和种子平均根长的乘积与在水中培养的种子发芽率和种子平均根长的乘积的比值。用于评价有机肥料的腐熟度。

［来源：NY/T 3442—2019，3.6，有修改］

4 要求

4.1 原料

有机肥料生产原料应遵循"安全、卫生、稳定、有效"的基本原则，原料按目录分类管理，分为适用类、评估类和禁用类。优先选用附录A中的适用类原料；禁止选用粉煤灰、钢渣、污泥、生活垃圾（经分类陈化后的厨余废弃物除外）、含有外来入侵物种的物料和法律法规禁止的物料等存在安全隐患的禁用类原料；其余为评估类原料。如选择附录B中的评估类原料，须进行安全评估并通过安全性评价后才能用于有机肥料生产。

4.2 产品

4.2.1 外观

外观均匀，粉状或颗粒状，无恶臭。目视、鼻嗅测定。

4.2.2　技术指标

有机肥料的技术指标应符合表1的要求。

表1　有机肥料技术指标要求及检测方法

项目	指标	检测方法
有机质的质量分数（以烘干基计），%	≥30	按照附录C的规定执行
总养分（N+P_2O_5+K_2O）的质量分数（以烘干基计），%	≥4.0	按照附录D的规定执行
水分（鲜样）的质量分数，%	≤30	按照GB/T 8576的规定执行
酸碱度（pH值）	5.5~8.5	按照附录E的规定执行
种子发芽指数（GI），%	≥70	按照附录F的规定执行
机械杂质的质量分数，%	≤0.5	按照附录G的规定执行

4.2.3　限量指标

有机肥料限量指标应符合表2的要求。

表2　有机肥料限量指标要求及检测方法

项目	指标	检测方法
总砷（As），mg/kg	≤15	
总汞（Hg），mg/kg	≤2	
总铅（Pb），mg/kg	≤50	按照NY/T 1978的规定执行。以烘干基计算
总镉（Cd），mg/kg	≤3	
总铬（Cr），mg/kg	≤150	
粪大肠菌群数，个/g	≤100	按照GB/T 19524.1的规定执行
蛔虫卵死亡率，%	≥95	按照GB/T 19524.2的规定执行
氯离子的质量分数，%	—	按照GB/T 15063—2020附录B的规定执行
杂草种子活性，株/kg	—	按照附录H的规定执行

5　检验规则

5.1　检验类别及检验项目

产品检验分为出厂检验和型式检验。出厂检验应由生产企业质量监督部门进行检验，出厂检验项目包括有机质的质量分数、总养分、水分（鲜样）的质量分数、酸碱度、种子发芽指数、机械杂质的质量分数和氯离子的质量分数。型式检验项目包括第4章的全部项目。在有下列情况之一时进行型式检验：

a）正式生产时，原料、工艺发生变化；

b）正常生产时，定期或积累到一定量后，每半年至少进行一次检验；

c）停产再复产时；

d）国家质量监管部门提出型式检验的要求时；

e）出现重大争议或双方认为有必要进行检验的时候。

5.2 组批

有机肥料按批检验，以1 d或2 d的产量为一批，最大批量为500 t。

5.3 采样

5.3.1 采样方法

5.3.1.1 袋装产品

采取随机抽样的方法，有机肥料产品总袋数与最少采样袋数见表3。将抽出的样品袋平放，每袋从最长对角线插入取样器，从包装物的表面、中间和底部3个水平取样，每袋取出不少于200 g样品，每批产品采取的样品总量不少于4 000 g。或拆包用取样铲或勺取样。用于杂草种子活性测定时，应另取一份不少于6 000 g的样品，装入干净的采样袋中备用。总袋数超过512袋时，最少采样袋数（n）按公式（1）计算。如遇小数，则进为整数。

$$n = 3 \times \sqrt[3]{N} \tag{1}$$

式中：

N——每批采样总袋数。

表3　有机肥料产品最小采样袋数要求　　　　　　　　　单位为袋

总袋数	最少采样袋数	总袋数	最少采样袋数
1~10	全部袋数	182~216	18
11~49	11	217~254	19
50~64	12	255~296	20
65~81	13	297~343	21

（续表）

总袋数	最少采样袋数	总袋数	最少采样袋数
82 ~ 101	14	344 ~ 394	22
102 ~ 125	15	395 ~ 450	23
126 ~ 151	16	451 ~ 512	24
152 ~ 181	17		

5.3.1.2 散装产品

从堆状等散装样品中采样时，从同一批次的样品堆中用勺、铲或取样器采集适量的样品混合均匀，随机选取的采集点不少于7个，从样品堆的表面及内部抽取的样品总量不少于4 000 g。从产品流水线上采样时，根据物料流动的速度，每10袋或间隔2 min，用取样器取出所需的样品，抽取的样品总量不少于4 000 g。用于杂草种子活性测定时，应另取一份不少于6 000 g的样品，装入干净的采样袋中备用。

5.3.2 样品缩分

将选取的样品迅速混匀，用四分法或缩分器将样品缩分至约2 000 g，分装于3个干净的聚乙烯或玻璃材质的广口瓶中，每份样品重量不少于600 g，密封并贴上标签，注明生产企业名称、产品名称、批号、原料、采样日期、采样人姓名。其中，一瓶用于鲜样水分和种子发芽指数的测定，一瓶风干用于产品成分分析，一瓶保存至少6个月，以备查用。

5.4　试样制备

将5.3.2中一瓶风干后的样品，经多次缩分后取出约100 g样品，迅速研磨至全部通过Φ1 mm尼龙筛，混匀，收集于干净的样品瓶或自封袋中，作成分分析用。余下的样品供机械杂质的测定用。

5.5　结果判定

5.5.1　本文件中质量指标合格判断，按照GB/T 8170—2008中"4.3.3 修约值比较法"的规定执行。

5.5.2　生产企业应按本文件要求进行出厂检验和型式检验。出厂检验项目和型式检验项目全部符合本文件要求时，判该批产品合格。每批检验合格出厂的产品应附有质量证明书，其内容包括：生产企业名称、地址、产品名称、批号或生产日期、原料名称、产品净含量、有机质含量、总养分含量、pH值及本文件编号。

5.5.3 产品出厂检验时，如果检验结果中有指标不符合本文件要求时，应重新自同批次二倍量的包装袋中选取有机肥料样品进行复检；重新检验结果中有指标不符合本文件要求时，则整批肥料判为不合格。

5.5.4 当供需双方对产品质量发生异议需仲裁时，按有关规定执行。

6 包装、标识、运输和储存

6.1 有机肥料应用覆膜编织袋或塑料编织袋衬聚乙烯内袋包装。每袋净含量50 kg、40 kg、25 kg、10 kg，平均每袋净含量不得低于50.0 kg、40.0 kg、25.0 kg、10.0 kg。产品包装规格也可由供需双方协商，按双方合同规定执行。

6.2 有机肥料包装袋上应注明产品通用名称、商标、包装规格、净含量、主要原料名称（质量分数≥5%，以鲜基计）、有机质含量、总养分含量及单一养分含量、企业名称、生产地址、联系方式、批号或生产日期、肥料登记证号、执行标准号等，建议标注二维码。其余按照GB 18382的规定执行。

6.3 氯离子的质量分数的标明值。当产品中氯离子的质量分数≥2.0%时进行标注。

6.4 杂草种子活性的标明值。应注明产品中杂草种子活性的标明值。

6.5 产品不得含有国家明令禁止的添加物或添加成分。

6.6 若加入或标示含有其他添加物，生产者应有足够的证据，证明添加物安全有效。应标明添加物的名称和含量，不得将添加物的含量与养分相加。

6.7 有机肥料应储存于阴凉、通风干燥处，在运输过程中应防潮、防晒、防破裂。

附录A
（规范性）
有机肥料生产原料适用类目录

有机肥料生产原料适用类目录见表A.1。

表A.1　有机肥料生产原料适用类目录

原料种类	原料名称
种植业废弃物	谷、麦及薯类等作物秸秆
	豆类作物秸秆
	油料作物秸秆
	园艺及其他作物秸秆
	林草废弃物
养殖业废弃物	畜禽粪尿及畜禽圈舍垫料（植物类）
	废饲料
加工业废弃物	麸皮、稻壳、菜籽饼、大豆饼、花生饼、芝麻饼、油葵饼、棉籽饼、茶籽饼等种植业加工过程中的副产物
天然原料	草炭、泥炭、含腐殖酸的褐煤等

附录B
（规范性）
评估类原料安全性评价要求

有机肥料生产评估类原料安全性评价要求见表B.1。

表B.1 有机肥料生产评估类原料安全性评价要求

序号	原料名称	安全性评价指标	佐证材料
1	植物源性中药渣	重金属、抗生素、所用有机浸提剂含量等	有机浸提剂说明、检测报告等
2	厨余废弃物（经分类和陈化）	盐分、油脂、蛋白质代谢产物（胺类）、黄曲霉素、种子发芽指数等	处理工艺（脱盐、脱油、固液分离等）说明、检测报告等
3	骨胶提取后剩余的骨粉	化学萃取剂品种和含量等	化学萃取剂说明、检测报告
4	蚯蚓粪	重金属含量等	养殖原料说明、检测报告等
5	食品及饮料加工有机废弃物（酒糟、酱油糟、醋糟、味精渣、酱糟、酵母渣、薯渣、玉米渣、糖渣、果渣、食用菌渣等）	盐分、重金属含量等	生产工艺（包括化学添加剂的种类和含量）说明、检测报告等
6	糖醛渣	持久性有机污染物等	检测报告等
7	水产养殖废弃物（鱼杂类、蛏子、鱼类、贝杂类、海藻类、海松、海带、蛤蜊皮、海草、海绵、蕴草、苔条等）	盐分、重金属含量等	生产工艺说明、检测报告等
8	沼渣/液（限种植业、养殖业、食品及饮料加工业）	盐分、重金属含量等	生产工艺说明、检测报告等

注1：佐证材料包括但不限于原料、成品全项检测报告，产品对土壤、作物、生物、地下水、地表水等农业生态环境的安全性影响评价资料，原料无害化处理、生产工艺措施及认证等。

注2：生产抗生素的植物源性中药渣、未经分类和陈化处理的厨余废弃物、以污泥为饵料的蚯蚓粪、以污泥为原料的沼渣沼液不属于评估类原料，属于禁用类原料。

附录C
（规范性）
有机质含量测定（重铬酸钾容量法）

本文件方法中所用水应符合GB/T 6682中三级水的规定。所列试剂，除注明外，均指分析纯试剂。本文件中所用的标准滴定溶液、标准溶液、试剂溶液和指示剂溶液，在未说明配制方法时，均按照HG/T 2843的规定配制。

C.1　方法原理

用定量的重铬酸钾-硫酸溶液，在加热条件下，使有机肥料中的有机碳氧化，多余的重铬酸钾溶液用硫酸亚铁标准溶液滴定，同时以二氧化硅为添加物作空白试验。根据氧化前后氧化剂消耗量，计算有机碳含量，乘以系数1.724，为有机质含量。

C.2　试剂及制备

C.2.1 二氧化硅：粉末状。

C.2.2 硫酸（ρ=1.84 g/mL）。

C.2.3 重铬酸钾（$K_2Cr_2O_7$）标准溶液：c（$1/6K_2Cr_2O_7$）=0.1 mol/L。

称取经过130℃烘干至恒重（3～4 h）的重铬酸钾（基准试剂）4.903 1 g，先用少量水溶解，然后转移入1 L容量瓶中，用水定容至刻度，摇匀备用。

C.2.4 重铬酸钾溶液（$K_2Cr_2O_7$）：c（$1/6K_2Cr_2O_7$）=0.8 mol/L。

称取重铬酸钾（分析纯）39.23 g，溶于600～800 mL水中（必要时可加热溶解），冷却后转移入1 L容量瓶中，稀释至刻度，摇匀备用。

C.2.5 邻啡啰啉指示剂。

称取硫酸亚铁（$FeSO_4 \cdot 7H_2O$, 分析纯）0.695 g和邻啡啰啉（$C_{12}H_8N_2 \cdot H_2O$, 分析纯）1.485 g溶于100 mL水，摇匀备用。此指示剂易变质,应密闭保存于棕色瓶中。

C.2.6 硫酸亚铁（$FeSO_4$）标准溶液：c（$FeSO_4$）=0.2 mol/L。

称取（$FeSO_4 \cdot 7H_2O$）（分析纯）55.6 g, 溶于900 mL水中, 加硫酸（C.2.2）20 mL溶解, 稀释定容至1 L, 摇匀备用（必要时过滤）。储于棕色瓶中, 硫酸亚铁溶液在空气中易被氧化，使用时应标定其浓度。

$c(FeSO_4)$ =0.2 mol/L标准溶液的标定：吸取重铬酸钾标准溶液（C.2.3）20.00 mL加入150 mL三角瓶中，加硫酸（C.2.2）3～5 mL和2～3滴邻啡啰啉指示剂（C.2.5），用硫酸亚铁标准溶液（C.2.6）滴定。根据硫酸亚铁标准溶液滴定时的消耗量，按公式（C.1）计算其准确浓度c。

$$c = \frac{c_1 \times v_1}{v_2} \tag{C.1}$$

式中：

c_1——重铬酸钾标准溶液的浓度数值，单位为摩尔每升（mol/L）；

v_1——吸取重铬酸钾标准溶液的体积数值，单位为毫升（mL）；

v_2——滴定时消耗硫酸亚铁标准溶液的体积数值，单位为毫升（mL）。

C.3 仪器、设备

C.3.1 水浴锅。

C.3.2 天平等实验室常用仪器设备。

C.4 测定步骤

称取过Φ1 mm筛的风干试样0.2～0.5 g（精确至0.000 1 g，含有机碳不大于15 mg），置于500 mL的三角瓶中，准确加入0.8 mol/L重铬酸钾溶液（C.2.4）50.0 mL，再加入50.0 mL硫酸（C.2.2），加一弯颈小漏斗，置于沸水中，待水沸腾后计时，保持30 min。取出冷却至室温，用少量水冲洗小漏斗，洗液承接于三角瓶中。将三角瓶内反应物无损转入250 mL容量瓶中，冷却至室温，定容摇匀，吸取50.0 mL溶液于250 mL三角瓶内，加水至100 mL左右，加2～3滴邻啡啰啉指示剂（C.2.5），用硫酸亚铁标准溶液（C.2.6）滴定近终点时，溶液由绿色变成暗绿色，再逐滴加入硫酸亚铁标准溶液（C.2.6）直至生成砖红色为止。同时，称取0.2 g（精确至0.000 1 g）二氧化硅（C.2.1）代替试样，按照相同分析步骤，使用同样的试剂，进行空白试验。

如果滴定试样所用硫酸亚铁标准溶液的用量不到空白试验所用硫酸亚铁标准溶液用量的1/3时，则应减少称样量，重新测定。

C.5 分析结果的表述

有机质含量以肥料的质量分数ω（%）表示，按公式（C.2）计算。

$$\omega = \frac{c\,(V_0-V)\times 3\times 1.724\times D}{m\,(1-X_0)\times 1\,000}\times 100 \qquad\qquad (C.2)$$

式中:

c——硫酸亚铁标准溶液的浓度数值,单位为摩尔每升(mol/L);

V_0——空白试验时,消耗硫酸亚铁标准溶液的体积数值,单位为毫升(mL);

V——样品测定时,消耗硫酸亚铁标准溶液的体积数值,单位为毫升(mL);

3——四分之一碳原子的摩尔质量数值,单位为克每摩尔(g/mol);

1.724——由有机碳换算为有机质的系数;

m——风干试样质量的数值,单位为克(g);

X_0——风干试样含水量的数值,单位为百分号(%);

D——分取倍数,定容体积/分取体积,250/50。

C.6 允许差

C.6.1 计算结果保留到小数点后1位,取平行测定结果的算术平均值为测定结果。

C.6.2 平行测定结果的绝对差值应符合表C.1的要求。

表C.1 平行测定结果的绝对差值要求

有机质的质量分数(ω),%	绝对差值,%
$\omega\leqslant 20$	0.6
$20<\omega<30$	0.8
$\omega\geqslant 30$	1.0

不同实验室测定结果的绝对差值应符合表C.2要求。

表C.2 不同实验室测定结果的绝对差值要求

有机质的质量分数(ω),%	绝对差值,%
$\omega\leqslant 20$	1.0
$20<\omega<30$	1.5
$\omega\geqslant 30$	2.0

附录D
（规范性）
总养分含量测定

本文件方法中所用水应符合GB/T 6682中三级水的规定。所列试制，除注明外，均指分析纯试剂。本文件中所用的标准滴定溶液、标准溶液、试剂溶液和指示剂溶液，在未说明配制方法时，均按照HG/T 2843的规定配制。

D.1　总氮含量测定

D.1.1　方法原理

有机肥料中的有机氮经硫酸-过氧化氢消煮，转化为铵态氮。碱化后蒸馏出来的氮用硼酸溶液吸收，以标准酸溶液滴定，计算样品中的总氮含量。

D.1.2　试剂及制备

D.1.2.1　硼酸（ρ=1.84 g/mL）。

D.1.2.2　30%过氧化氢。

D.1.2.3　氢氧化纳溶液：质量浓度为40%的溶液。称取40 g氢氧化钠（化学纯）溶于100 mL水中。

D.1.2.4　硼酸溶液（2%，m/V）：称取20 g硼酸溶于水中，稀释至1 L。

D.1.2.5　定氮混合指示剂：称取0.5 g溴甲酚绿和0.1 g甲基红溶于100 mL95%乙醇中。

D.1.2.6　硼酸-指示剂混合液：每升2%磷酸（D.1.2.4）溶液中加入20 mL定氮混合指示制（D.1.2.5）并用稀碱或稀酸调至紫红色（pH值约为4.5）。此溶液放置时间不宜过长，如在使用过程中pH值有变化，需随时用稀碱或稀酸调节。

D.1.2.7　硫酸c（$1/2H_2SO_4$=0.05 mol/L）或盐酸c（HCI）=0.05 mol/L标准滴定溶液。

D.1.3　仪器、设备

D.1.3.1　实验室常用仪器设备。

D.1.3.2　消煮仪。

D.1.3.3　全自动定氮仪、定氮蒸馏仪或具有相同功效的蒸馏装置。

D.1.4　分析步骤

D.1.4.1　试样溶液制备

称取过Φ1 mm筛的风干试样0.5~1.0 g（精确至0.000 1 g），置于250 mL锥形瓶底部或体积适量的消煮管底部，用少量水冲洗黏附在瓶/管壁上的试样，加5 mL硫酸（D.1.2.2）和1.5 mL过氧化氢（D.1.2.2），小心摇匀，瓶口放一弯颈小漏斗，放置过夜。缓慢加热至硫酸冒烟，取下，稍冷加15滴过氧化氢，轻轻摇动锥形瓶或消煮管，加热10 min，取下，稍冷后再加5~10滴过氧化氢并分次消煮，直至溶液呈无色或淡黄色清液后，继续加热10 min，除尽剩余的过氧化氢。

取下冷却，小心加水至20~30 mL，轻轻摇动锥形瓶或消煮管，用少量水冲洗弯颈小漏斗，洗液收入锥形瓶或消煮管中。将消煮液移入100 mL容量瓶中，冷却至室温，加水定容至刻度。静置澄清或用无磷滤纸干过滤到具塞三角瓶中，备用。

D.1.4.2　空白试验

除不加试样外，试剂用量和操作同D.1.4.1。

D.1.4.3　测定

于锥形瓶中加入10.0 mL硼酸−指示剂混合液（D.1.2.6），放置锥形瓶于蒸馏仪器氨液接收托盘上，冷凝管管口插入硼酸液面中。吸取消煮清液50.00 mL于蒸馏瓶内，加入200 mL水（视蒸馏装置定补水量）。将蒸馏管与定氮仪器蒸馏头相连接，加入15 mL氢氧化钠溶液（D.1.2.3），蒸馏。当蒸馏液体达到约100 mL时，即可停止蒸馏。

用硫酸标准溶液或盐酸标准溶液（D.1.2.7）直接滴定馏出液，由蓝色刚变至紫红色为终点。记录消耗酸标准溶液的体积。

D.1.5　分析结果的表述

肥料的总氮含量以肥料的质量分数（%）表示，按公式（D.1）计算，所得结果应保留到小数点后2位。

$$N = \frac{c\,(V-V_0)\times 14 \times D}{m\,(1-X_0)\times 1\,000}\times 100 \qquad\qquad (\text{D.1})$$

式中：

c——标定标准溶液的摩尔浓度，单位为摩尔每升（mol/L）；

V_0——空白实验时，消耗标定标准溶液的体积，单位为毫升（mL）；

V——样品测定时，消耗标定标准溶液的体积，单位为毫升（mL）；

14——氮的摩尔质量，单位为克每摩尔（g/mol）；

m——风干试样质量的数值，单位为克（g）；

X_0——风干试样含水量的数值；

D——分取倍数，定容体积/分取体积，100/50。

D.1.6　允许差

取平行测定结果的算术平均值为测定结果。平行测定结果允许绝对差应符合表D.1的要求。

表D.1　总氮含量平行测定结果允许绝对差值

总氮（N），%	允许差，%
$N \leqslant 0.50$	<0.02
$0.50 < N < 1.00$	<0.04
$N \geqslant 1.00$	<0.06

D.2　总磷含量测定

D.2.1　试样溶液制备

按照D.1.4.1操作制备

D.2.2　空白溶液制备

除不加试样外，应用的试剂和操作同D.2.1。

D.2.3　分析步骤与结果表述

吸取试样溶液5.00～10.00 mL于50 mL容量瓶中，按照NY/T 2541—2014规定的"5.2 等离子体发射光谱法"或"5.3 分光光度法"执行，以烘干基计。其中，"分光光度法"为仲裁法。

D.3 总钾含量测定

D.3.1 试样溶液制备

按照D.1.4.1操作制备。

D.3.2 空白溶液制备

除不加试样外，应用的试剂和操作同D.3.1。

D.3.3 分析步骤与结果表述

吸取5.00 mL试样溶液于50 mL容量瓶中，按照NY/T 2540—2014规定的"5.2 火焰光度法"或"5.3 等离子体发射光谱法"执行，以烘干基计。其中，"火焰光度法"为仲裁法。

附录E
（规范性）
酸碱度的测定（pH计法）

本文件方法中所用水应符合GB/T 6682中三级水的规定。所列试剂，除注明外，均指分析纯试剂。本文件中所用的标准滴定溶液、标准溶液、试剂溶液和指示剂溶液，在未说明配制方法时，均按照HG/T 2843的规定配制。

E.1　方法原理

当以pH计的玻璃电极为指示电极，甘汞电极为参比电极，插入试样溶液中时，两者之间产生一个电位差。该电位差的大小取决于试样溶液中的氢离子活度，氢离子活度的负对数即为pH，由pH计直接读出。

E.2　仪器

实验室常用仪器及pH酸度计（灵敏度为0.01 pH单位，带有温度补偿功能）。

E.3　试剂和溶液

E.3.1　pH4.00标准缓冲液：称取经120℃烘1 h的邻苯二钾酸氢钾（$KHC_8H_4O_4$）10.12 g，用水溶解，稀释定容至1 L。可购置有国家标准物质证书的标准缓冲液。

E.3.2　pH6.86标准缓冲液：称取经120℃烘2 h的磷酸二氢钾（KH_2PO_4）3.398 g和经120~130℃烘2 h的无水磷酸氢二钠（Na_2HPO_4）3.53 g，用水溶解，稀释定容至1 L。可购置有国家标准物质证书的标准缓冲液。

E.3.3　pH9.18标准缓冲液：称取硼砂（$Na_2B_4O_7 \cdot 10H_2O$）（在盛有蔗糖和食盐饱和溶液的干燥器中平衡1周）3.81 g，用水溶解，稀释定容至1 L。可购置有国家标准物质证书的标准缓冲液。

E.4　操作步骤

称取过Φ1 mm筛的风干样5.00 g于100 mL烧杯中，加50.0 mL不含二氧化碳的水（经煮沸10 min驱除二氧化碳），人工或使用磁力搅拌器搅动3 min，静置30 min，用pH酸度计测定。测定前，用标准缓冲溶液对酸度计进行校验（温度补偿设为25℃）。

E.5　允许差

取平行测定结果的算术平均值为最终分析结果，保留到小数点后1位。平行分析结果的绝对差值不大于0.20 pH单位。

附录F
（规范性）
种子发芽指数（*GI*）的测定

F.1 主要仪器和试剂

培养皿、定性滤纸、水（应符合GB/T 6682中三级水的规定）、往复式水平振荡机、恒温培养箱、游标卡尺。

F.2 试验步骤

称取试样（鲜样）10.00 g，置于250 mL，锥形瓶中，将样品含水率折算后，按照固液比（质量/体积）1∶10加入相应质量的水，盖紧瓶盖后垂直固定于往复式水平振荡机上，调节频率100次/min，振幅不小于40 mm，在25℃下振荡浸提1 h，取下静置0.5 h后，取上清液于预先安装好滤纸的过滤装置上过滤，收集过滤后的浸提液，摇匀后供分析用。滤液当天使用，或在0～4℃环境中保存不超过48 h。

在9 cm培养皿中放置1张或2张定性滤纸，其上均匀放入10粒大小基本一致、饱满的黄瓜（或萝卜，未包衣）种子，加入供试样浸提液10 mL，盖上培养皿盖，在（25±2）℃的培养箱中避光培养48 h，统计发芽种子的粒数，并用游标卡尺逐一测量主根长。

以水作对照，做空白试验。

注：评估类原料可依据专家评估结果确定固液比。

F.3 分析结果的表述

种子发芽指数（*GI*），以%表示，按公式（F.1）计算。

$$GI = \frac{A_1 - A_2}{B_1 \times B_2} \times 100 \qquad (F.1)$$

式中：

A_1——有机肥料的浸提液培养的种子中发芽粒数占放入总粒数的百分比，单位为百分号（%）；

A_2——有机肥料的浸提液培养的全部种子的平均根长数值，单位为毫米（mm）；

B_1——水培养的种子中发芽粒数占放入总粒数的百分比，单位为百分号（%）；

B_2——水培养的全部种子的平均根长数值，单位为毫米（mm）。

F.4　允许差

取平行测定结果的算术平均值为最终测定结果，计算结果保留到小数点后1位。

平行分析结果的绝对差值不大于5.0%。

附录G
（规范性）
机械杂质的质量分数的测定

G.1 主要仪器

天平、试验筛（孔径4 mm）等。

G.2 分析步骤

取风干试样500 g（精确至0.1 g），记录样品总重m_1，过4 mm筛子，将筛上物用目选法挑出其中的石块、塑料、玻璃、金属等机械杂质并称重，记录为m_2，计算样品中机械杂质的质量分数ω（％）。

G.3 分析结果的表述

机械杂质含量以质量分数ω（％）表示，按公式（G.1）计算。

$$\omega = \frac{m_2}{m_1} \times 100 \qquad\qquad （G.1）$$

式中：

ω——有机肥料中机械杂质的质量分数；

m_2——有机肥料中机械杂质的质量数值，单位为克（g）；

m_1——风干试样的总质量数值，单位为克（g）。

计算结果保留到小数点后1位。

附录H
（规范性）
杂草种子活性的测定

H.1　主要仪器和试剂

光照培养箱、托盘、纱布、水（应符合GB/T 6682中三级水的规定）。

H.2　试验步骤

称取有机肥料样品（鲜样）3 000 g（精确至0.1 g），记录样品总重m，均匀地铺在托盘中，厚度约为20 mm，在30℃条件下的光照培养箱（光照强度和湿度适中）中培养21 d。在试验期间，每2～3 d补充水分一次，以保持样品潮湿，补水采用喷壶喷水方式，将样品表面喷湿即可。为避免托盘中样品被污染，可以在样品上覆盖纱布。每次补水时，观察是否有种子发芽并做记录，21 d后统计试验期间发芽种子总株数N。

H.3　分析结果的表述

杂草种子活性以ω表示，按公式（H.1）计算。

$$\omega = \frac{N}{m \times 10^{-3}} \qquad\qquad (H.1)$$

式中：

ω——有机肥料中杂草种子活性数值，单位为株每千克（株/kg）；

N——有机肥料中发芽种子总株数数值，单位为株；

m——称取的有机肥料质量数值，单位为克（g）。

取平行测定结果的算术平均值为最终测定结果，保留到小数点后1位。

ICS 65.020.20
CCS B 05

T/SDAS

团　　体　　标　　准

T/SDAS　433—2022

畜禽粪便、作物秸秆等有机废弃物堆肥及其果树施用技术规程

Technical specification for composting of livestock manure，crop straw and other
organic wastes and application of fruit trees

2022-08-25 发布　　　　　　　　　　　　　　　2022-09-09 实施

山东标准化协会　　发　布

前　言

本文件按照GB/T 1.1—2020《标准化工作导则　第1部分：标准化文件的结构和起草规则》的规定起草。

请注意本文件的某些内容可能涉及专利。本文件的发布机构不承担识别专利的责任。

本文件由山东标准化协会提出并归口。

本文件起草单位：高密市农业农村局、诸城市农业农村局、潍坊市农业农村局、青岛农业大学。

本文件主要起草人：李希臣、薛刚、田芙蓉、王岐廉、尹士采、邱鑫、孙晓颖、张建伟、郝兆德、杨保国、田虎、张焕刚、冯丽、张祚花、刘洪军、张西森、刘树堂、刘庆、魏文良、张晓丽、侯月玲。

畜禽粪便、作物秸秆等有机废弃物堆肥及其果树施用技术规程

1 范围

本文件规定了畜禽粪便、作物秸秆等有机废弃物高温堆肥的堆肥前期准备、堆肥流程、指标检测、腐熟度判定、施用等技术要求。

本文件适用于畜禽粪便、作物秸秆等有机废弃物堆肥及其果树施用。

2 规范性引用文件

下列文件中的内容通过文中的规范性引用而构成本文件必不可少的条款。其中，注日期的引用文件，仅该日期对应的版本适用于本文件；不注日期的引用文件，其最新版本（包括所有的修改单）适用于本文件。

GB 14554 恶臭污染物排放标准

GB/T 19524.1 肥料中粪大肠菌群的测定

GB/T 19524.2 肥料中蛔虫卵死亡率的测定

GB 20287 农用微生物菌剂

NY/T 525 有机肥料

NY/T 1109 微生物肥料生物安全通用技术准则

3 术语和定义

下列术语和定义适用于本文件。

3.1 高温堆肥 high temperature composting

在有控制条件下，物料有机物质通过微生物化学反应产生高温（≥55℃），达到病菌、虫卵和杂草种子等灭活，以及稳定腐熟的过程。

3.2 腐熟剂 ripening agent

能够加速固体有机废弃物堆肥进程的微生物活体制剂。

3.3 功能性微生物 functional microorganism

一定条件下，具有确切调节改良功能的活的微生物菌株。

4　堆肥前期准备

4.1　堆肥场地选择

堆肥场地要求地形平坦，地势稍高，利于排水，通风良好，交通便捷，应该远离居民区1 000 m，或与居民区隔离800 m。

4.2　堆肥原料准备

堆肥原料为畜禽粪便、作物秸秆、食用菌渣、花生壳等有机废弃物，并去除塑料膜等杂物。堆肥原料应符合NY/T 525的规定。

4.3　原料贮存及预处理

4.3.1　原料贮存

4.3.1.1　在原料贮存区，含水率较低的干物料应避雨存放，保持低的含水率。

4.3.1.2　含水率高的湿物料不宜长期存放，要及时处理，尽可能减少臭气和渗滤液的产生，防止环境二次污染。

4.3.1.3　原料贮存应有专门的原料贮存区域，设置原料贮存车间，贮存车间内根据不同的原料特性分类进行存放；供应便捷、使用量大的物料不贮存或者少量贮存，保证尽可能短的贮存期。

4.3.2　粉碎处理

选择适宜的粉碎设备，对作物秸秆、食用菌渣、花生壳等废弃物进行破碎处理，物料粒径宜控制在1.5 cm以下。

5　堆肥流程

5.1　碳氮比调节

通过畜禽粪便、作物秸秆、食用菌渣、花生壳的配比或者添加化学氮肥调节堆料的碳氮比至（25～30）∶1。

5.2　含水量调节

通过干、湿物料混配或者加水调节堆料的含水量至50%～55%。

5.3　腐熟剂添加

5.3.1　选用原则

5.3.1.1　根据固体有机废弃物类型及特点选用合适的腐熟剂，选用腐熟剂菌种符合GB 20287的要求。

5.3.1.2 不得使用未经菌种安全评价或中华人民共和国农业农村部登记的制剂。

5.3.2 一般要求

堆肥腐熟剂应在原料混合时均匀加入，堆肥腐熟剂添加比例以干基重量计算不得少于千分之一。

5.4 起堆

将混匀的堆肥物料堆起，堆体底部宽控制在1.5～3.0 m，以2.0 m为宜，堆高控制在1.0～2.0 m，以1.5 m为宜；长度不限。各条垛间距为0.8～1.0 m。

5.5 翻抛

5.5.1 堆肥升温期，堆体温度首次上升至55～60℃，翻抛一次。

5.5.2 堆肥高温期，堆体温度保持在55～65℃，每2～5 d翻抛一次，但当堆体温度超过65℃时应当及时翻抛，并调节物料的含水量在50%～55%。

5.5.3 堆肥降温期，堆体温度低于55℃以后，每7～12 d翻抛一次。当堆体温度下降至40℃以下，且连续2 d温度差不超过2℃时，停止翻抛。

5.6 后熟

将堆体移除堆肥场地继续堆置30～60 d，中间翻堆1～2次。

5.7 功能性微生物添加

5.7.1 在肥料施用前，可添加功能性微生物以提高堆肥的使用效果，使用的微生物菌种应安全、有效，有明确来源和种名。菌株安全性应符合NY/T 1109的规定。

5.7.2 功能性微生物应在堆肥发酵结束后均匀加入。

5.7.3 功能性微生物添加量应控制在有效活菌数不少于0.2亿/g。

5.8 恶臭控制

在发酵过程中，堆肥添加200～300 g/m³混合除臭剂（氢氧化铁70%、十二烷基苯磺酸钠4%、碱性蛋白酶1%、脱乙酰壳多糖22%、柠檬酸2%和香料1%），恶臭排放符合GB 14554中的二级标准。

6 指标检测

6.1 检测要求

6.1.1 堆肥原料应至少每批次检测1次。检测内容应包括：含水率、总有机质、碳氮比（C/N）、pH值和堆密度等。

6.1.2 发酵过程中各工艺参数的检测应每批次进行1次。检测内容应包括：含水率、碳氮比（C/N）、堆层温度。发酵全过程中各工艺参数的变化应以日为单位进行跟踪检测，记录并绘制各参数曲线，直至发酵终止。

6.2 取样

堆肥原料和发酵产物的取样应用多点采样，采样前预备好不锈钢勺、抽样器、封样袋、封条等工具。堆肥原料采用随机多点法（≥5点），每点1 kg。将所有样品混匀，按四分法缩分，分装2份，每份不少于500 g。采集发酵产物，每2 d取样1次，取样点选择堆体中心部位，沿堆体长度方向随机多点法（≥5点），每点1 kg。将所有样品混匀，按四分法缩分，分装2份，每份不少于500 g。当发酵产物温度达到40℃以下，且连续2 d温度差不超过2℃，外观有疏松的絮状或粉末状结构，褐色或黑色，无臭味，风干后易破碎，停止取样。

6.3 检测方法

6.3.1 堆体温度

采用接触式温度计，在每天9：00和15：00，测量发酵堆中心部位温度，分别在三个不同的部位用60 cm长的温度计插入堆体30 cm深处待温度计读数稳定后计数，取同期三点不同部位温度的平均值为该时间点的堆体温度，然后计算各处理9:00和15:00堆体温度的平均值为该处理当天的堆体温度。

6.3.2 堆体含水率、酸碱度（pH值）和总氮、总磷、总钾

按NY/T 525的规定进行测定。

6.3.3 总碳

按照NY/T 525的规定进行测定。

6.3.4 种子发芽指数

按照NY/T 525的方法进行测定。

6.3.5 重金属

按NY/T 525的规定进行测定。

6.3.6　粪大肠菌群数

按GB/T 19524.1的规定进行测定。

6.3.7　蛔虫卵死亡率

按GB/T 19524.2的规定进行测定。

7　腐熟度判定

判定堆肥样品是否腐熟的指标：

a）堆体温度：40℃以下，且连续2 d温度差不超过2℃；

b）外观性状：疏松的絮状或粉末状结构，褐色或黑色，无臭味，风干后易破碎；

c）发芽指数：发芽指数$GI \geqslant 70$；

d）腐殖酸：腐殖酸含量$\geqslant 15\%$。

8　施用技术

8.1　环状施肥

垂直树冠投影，挖环状沟，宽30 cm，深20～30 cm，腐熟的有机肥与土壤混合施入，多在幼树期采用，用量2～4 m³/亩。

8.2　放射状施肥

以树体为中心在垂直树冠投影内，沿根生长水平方向，挖放射沟6～8条，沟宽30 cm，深20～40 cm，形状是"内窄外宽、内浅外深"，腐熟的有机肥与土壤混合施入，多用于常规栽培的成年树，用量4～6 m³/亩。

8.3　穴状施肥

在树冠垂直投影内每隔50 cm左右，挖深30～40 cm、直径30 cm左右的穴，腐熟的有机肥与土壤混合施入，多用于成年树，用量4～6 m³/亩。

8.4　条状沟施

在树冠垂直投影的外缘，与树行同方向挖条形沟。沟宽20～40 cm，沟深30～40 cm。施肥时，先将腐熟的有机肥与土混匀后回填入沟中，距地表10 cm的土中不施肥，多用于宽行密株栽培的成年树，用量4～6 m³/亩。